# Standard DWA-A 216E

Energy Check and Energy Analysis-Instruments to Optimise the Energy Usage of Wastewater Systems

---

# DWA-A 216
# 能量检查及能量分析
## 污水处理系统能量利用的优化工具

德国水资源、污水与固废管理协会　著

庞洪涛　李朋　姚刚　卢先春　译

清华大学出版社

北京

北京市版权局著作权合同登记号　图字：01-2022-6068

德国水资源、污水与固废管理协会
Standard DWA-A 216E Energy Check and Energy Analysis-Instruments to Optimise the Energy Usage of Wastewater Systems ［2015］
ISBN：978-3-88721-570-5
Copyright © 2017 by Deutsche Vereinigung für Wasserwirtschaft，Abwasser und Abfalle. V.，（DWA）

**图书在版编目（CIP）数据**

　　DWA-A 216 能量检查及能量分析：污水处理系统能量利用的优化工具/德国水资源、污水与固废管理协会著；庞洪涛等译.—北京：清华大学出版社，2023.8（2024.5重印）
　　书名原文：Standard DWA-A 216E Energy Check and Energy Analysis-Instruments to Optimise the Energy Usage of Wastewater Systems
　　ISBN 978-7-302-63145-3

　　Ⅰ．①D…　Ⅱ．①德…　②庞…　Ⅲ．①城市污水处理－能量利用－研究　Ⅳ．①X703

中国国家版本馆 CIP 数据核字（2023）第 047758 号

责任编辑：王向珍　王　华
封面设计：陈国熙
责任校对：赵丽敏
责任印制：曹婉颖

出版发行：清华大学出版社
　　　　　网　　　址：https://www.tup.com.cn, https://www.wqxuetang.com
　　　　　地　　　址：北京清华大学学研大厦 A 座　　　　邮　　编：100084
　　　　　社 总 机：010-83470000　　　　　　　　　　　邮　　购：010-62786544
　　　　　投稿与读者服务：010-62776969，c-service@tup.tsinghua.edu.cn
　　　　　质量反馈：010-62772015，zhiliang@tup.tsinghua.edu.cn
印 装 者：三河市君旺印务有限公司
经　　销：全国新华书店
开　　本：165mm×240mm　　印　张：4.75　　字　数：91 千字
版　　次：2023 年 8 月第 1 版　　　　　　　　印　次：2024 年 5 月第 2 次印刷
定　　价：39.80 元

产品编号：098390-01

# 英译版编者注

自 20 世纪 90 年代以来,污水系统的能量优化一直是德国关注的焦点问题。当时,北莱茵-威斯特伐利亚州(North Rhine-Westphalia,NRW)出版了《污水处理厂能量手册》(MURL,1999)。该手册首次描述了污水处理厂能量检查和能量分析的准备程序。随后针对如何适当评估城市污水处理厂的能量状况,在德国进行了十多年的专家讨论。这一场争论的主要结论是,由于污水系统的个别边界条件变化太大,无法通过与固定关键指标(如关联的居民总数和人口当量的年用电量)的比较或基于其他污水系统的统计平均值来适当评估特定污水系统的能量状况。

在此背景下,基于标准 DWA-A 216 能量检查及能量分析——污水处理系统能量利用的优化工具,在 2015 年建立了新的评估程序。根据该标准,污水处理厂的能量状况评估是将该厂现状值与其能够实现的理想值进行比较。在能量分析的背景下,只有这种综合方法才有可能恰当地捕捉到各个污水处理厂能量优化的实际潜力,并制定有意义的措施来改善能量状况。对于污水处理系统能量状况的初步定向评估,标准 DWA-A 216 提供了能量检查的附加方法。

标准 DWA-A 216 的英文版是原始德文版的原版翻译,因此也包含了专门适用于德国情况的信息。

标准 DWA-A 216 的技术概念也在《水和污水公用事业的能量效率指南》(2015 年 11 月)中进行了描述,该指南是在同一项目的框架内制定的,该项目由德国国际合作协会(the Deutsche Gesellschaft für Internationale Zusammenarbeit,GIZ)资助,并由阿拉伯国家水务公用事业协会(the Arab Countries Water Utilities Association,ACWUA,2015)发布。

# 前言

    运转良好的污水处理设施是保障水域功能正常的基本前提,是现代化国家必不可少的基础设施。城市排水系统为了实现这项重要的任务需要消耗能量。污水处理厂属于市政基础设施中的耗能大户。德国约有 10 000 座污水处理厂,其总能耗为 4200 GW·h/a(DWA,2010)。这大致相当于 900 000 个四人家庭的能量需求或等同于每年约 2 360 000 t 的二氧化碳($CO_2$)排放量[562g $CO_{2,e}$/(kW·h),德国联邦环境署(2014)]。污水处理厂的能量需求不仅取决于处理工艺和处理目标,还取决于当地边界条件和可实现的能量效率。

    全球能量需求正在增加,化石能源的有限性、能源成本的不断增加以及对气候影响的担忧,使得能量供应和能量使用发生重大变化,这在城市排水领域也逐渐凸显。

    根据地区大功率用电设备的集中程度以及电、热的同时供能情况,城市排水系统为减少能量需求和提高能量效率提供了多种可能性。

    在此过程中,提高能量效率的工作不应违背城市排水的主要目的——污水的处理排放和水体保护。

    德国联邦环境署(HABERKERN 等,2008)、DWA(DWA,2010)以及污水标准顾问(咨询)(KOMMUNAL-UND ABWASSERBERATUNG NRW,2011)对于能量分析的研究,清楚地表明了提高污水系统能效的潜力。能效的优化不仅提供了能量和经济方面的效益,还往往伴随着污水系统处理性能的改善,从而加强水污染控制。

    考虑到污水处理过程的复杂性,系统的方法和广泛的专业知识对污水系统的能量优化来说至关重要。截至目前,德国还未有统一的污水系统能效评估方法。

    本标准介绍了污水系统能量优化的方法——能量检查和能量分析,并涵盖了使用这些方法所规定的要求。

    为了使本标准中的文本简洁易懂,通常将男性作为个性化的专业职称和职能名称。所有信息均适用于男女。

    译文未经德国水资源、污水与固废管理协会[the Deutsche Vereinigung für Wasserwirtschaft,Abwasser und Abfalle. V.,(DWA)]校核。

# 作者

本标准由 DWA 技术委员会 KEK-10"水和固废管理中的能量"内的 DWA 工作组 KEK-10.3"污水处理厂的能量分析"制定,由以下成员组成:

| | |
|---|---|
| FRICKE,Klaus | Dipl. -Ing. ,Berlin |
| HABERKERN,Bernd | Dipl. -lng. ,Darmstadt |
| JAGEMANN,Peter | Dipl. -Ing. ,Essen |
| KASTE,Andrea | Dipl. -Ing. ,Düsseldorf（议长） |
| KOBEL,Beat | Dipl. -Ing. ,Bern |
| KOENEN,Stefan | DipL. -lng. ,Bochum |
| MITSDOERFFER,Ralf | Dr. -Ing. ,München |
| RIßE,Henry | Dr. -Ing. ,Aachen |
| SCHMELLENKAMP,Peter | DipL. -lng. ,Bremen |
| THEILEN,Ulf | Prof. Dr. -lng. ,Gießen |
| THÖLE,Dieter | Dr. -Ing. ,Ruhrverband,Essen（副议长） |

DWA 技术委员会 KEK-10"水和固废管理中的能量"由以下成员组成:

| | |
|---|---|
| SCHRÖDER,Markus | Dipl. -Ing. ,Aachen |
| Brandenburg,Heinz | Dr. -Ing. ,Essen |
| ERBE,Volker | Dipl. -Ing. ,Darmstadt |
| FRICKE,Klaus | Prof. Dr. -Ing. ,Luxemburg |
| GREDIGK-HOFFMANN,Sylvia | RA,Köln |
| GRÜN,Emanuel | Dipl. -Ing. ,Essen |
| HABERKERN,Bernd | Dipl. -Ing. ,Düsseldorf |
| HANSEN,Joachim | Dipl. -Ing. ,Bern |
| HEß,Julian | Dipl. -Ing. ,Stuttgart |
| JAGEMANN,Peter | Dr. -Ing. ,Hannover |
| KASTE,Andrea | Dipl. -Geogr. ,Schaffhausen |
| KOBEL,Beat | Dr. -Ing. ,Münster |
| MAURER,Peter | SCHÄFER,Arnold |
| MÜLLER-SCHAPER,Johannes | SEIBERT-ERLING,Gerhard |

| | |
|---|---|
| MÜLLER，Ernst A. | THÖLE，Dieter |
| ROBECKE，Ulrich | WEILBEER，Julia |
| Prof. Dr. - Ing. ，Aachen（主任） | Dipl. -Ing. ，Hamburg |
| Dipl. -Ing. ，Köln | Dr. -Ing. ，Frechen |
| Dr. -Ing. ，Wuppertal | Dr. -Ing. ，Essen |
| Dipl. -Ing. ，Berlin | Dr. -Ing. ，Hetlingen |

DWA 总部负责人：

REIFENSTUHL，Reinhard　　　　　　Dipl-Ing. ，Hennef
　　　　　　　　　　　　　　　　　　水和固废管理部

# 译者

庞洪涛、李朋、姚刚、卢先春、丁凡、胡佩佩、谭澄、千里里、曹效鑫、江乐勇、张伟、陈力子

# 读者建议

本标准由技术、科学和经济专家以名誉身份编制，是应用 DWA 和 DWA-A 400 标准的规则和程序。基于司法判例，本标准默认在内容上和专业性上被普遍认为是正确的。

任何一方均可自由使用本标准，但依据法律、行政法规、合同或其他法律因素，本标准在使用时应履行相应的责任和义务。

本标准是解决专业技术问题的重要信息来源，但并非唯一信息来源。任何人不得在任何场合，剥离相应的责任而进行使用，尤其是涉及本标准规定利益时。

# 目录

# 图形列表

# 表格列表

# 1 范围

本标准为设计人员、操作人员和主管部门提供了与污水系统的工艺工程和能量优化相关的具有实践基础的工作方法。

本标准的适用范围包括污水处理和污水排放设施。

对于污水排放系统泵站能效评估,可参照之前的污水处理厂泵站评估标准执行。但在雨水和合流制污水处理厂(如滞留式土壤过滤器等)、压缩空气冲洗、气动输送以及真空和压力流排水等领域目前仍缺乏足够的系统性运行经验。

本标准也可用于工业废水处理厂。工业废水处理厂和城市污水处理厂之间的差异在于前者特殊的负荷情况和针对性优化的处理工艺。

本标准中将能量消耗与服务人口当量联系起来的方法类似于基准化分析中使用的应用指标体系(AGIS,2002)。据此体系,收集的数据可以很容易地用于基准化分析。除对其中的关键参数进行比较外,能量分析中还额外提供了技术计算,这非常有助于措施的制定和评估。从某种意义上讲,能量分析是对工艺设计方案的补充。

# 2 术语

## 2.1 定义

**特征值**

对比较值的通用术语,用于量化和评估能效[如 $kW \cdot h/(I \cdot a)$]。

**能量分析**

对能量现状的详查和评估,以及对优化措施包括其成本效益评估的描述。

**能量平衡**

污水处理厂总能量需求与需求实现(外部供应和自产)的比较。

### 能量检查

根据特征值对污水处理厂定期进行能量清查和评估。

### 能量效率

能量效率在本标准中应理解为用最小的能量消耗完成污水处理任务(收集和处理),以及对污水处理中现有能量潜力的利用。

### 总发电量

发电机(将机械能、化学能、热能或电磁能直接转换为电能的技术设备)的总发电量。

### 立即性措施(immediate measures,I)

无需较大投入或规划,实施过程简单的措施。

### 净发电量

在污水处理厂(发电)的发电机终端测量的发电量减去污水处理厂运行所需的内部消耗。

### 污水处理厂相关理想值

考虑污水处理厂具体的边界条件,用以描述污水处理厂某一具体部分或整体的最佳能效范围的特征值。

### 依赖性措施(related measures,R)

由于不利的成本效益比或其他限制条件,只能在重建或新建情况下才能实施的措施。

### 短期性措施(short-term measures,S)

在能量分析中被定级为经济上和技术上均可行,建议近期进行确定和实施的措施。

### 服务人口当量(total number of inhabitants and population equivalents, $PT_{COD,120}$)

用以表示能耗和沼气产量的标定参考值。根据污水处理厂进口处的年平均污染负荷(见 4.2.1 节)以及化学需氧量(COD)人口当量值 120g/(I·d)进行确定。

## 2.2 符号和缩写

（编者注：所用符号反映了德语参数的英文翻译，为了简单明了，原版德语版本的符号放在英文版本之后。本节不是为英语的工程界创建新的符号，而是使非德语人士能够理解德语符号/索引）

符号、缩写和使用的角标见表1～表3。

表 1　符号

| 符号 | | 单　位 | 释　义 |
|---|---|---|---|
| 英　文 | 德　文 | | |
| $A$ | $A$ | m² | 面积 |
| $C_{COD}$ | $C_{CSB}$ | mg/L | 均匀水样中的 COD 浓度 |
| $C_N$ | $C_N$ | mg/L | 均匀水样中的总氮浓度（N）<br>（$C_N = C_{orgN} + S_{NH_4} + S_{NO_3} + S_{NO_2}$） |
| $C_{O_2,AT}$ | $C_{O_2,BB}$ | mg/L | 曝气池内的氧浓度 |
| $C_P$ | $C_P$ | mg/L | 均匀水样中的磷浓度（P） |
| $\cos\varphi$ | $\cos\varphi$ | — | 三相电机相间的相位角 |
| DR | TR | % | 干残渣，样品的干重占初始质量的比例 |
| $E$ | $E$ | kW·h | 能量需求/能量生产 |
| $E_{aer}$ | $E_{Bel}$ | kW·h/a | 曝气池曝气电耗 |
| $E_{CHP,el}$ | $E_{KWK,el}$ | kW·h/a | 热电联产厂（CHP 厂）的年发电量加上设备的直接驱动产生的能量当量 |
| $E_{el}$ | $E_{el}$ | kW·h | 能量需求/能量生产、电力 |
| $E_{PStat}$ | $E_{PW}$ | kW·h/a | 泵站电耗 |
| $E_{th}$ | $E_{th}$ | kW·h/a | 热能 |
| $E_{th,ext}$ | $E_{th,ext}$ | kW·h/a | 供热的外部能量（化石燃料） |
| $E_{tot}$ | $E_{ges}$ | kW·h/a | 总电耗 |
| $e_{aer}$ | $e_{Bel}$ | kW·h/(I·a) | 曝气池内曝气的单位电耗 |
| $e_{DG}$ | $e_{PG}$ | L/(I·d) | 单位沼气产量 |
| $e_{PStat}$ | $e_{PW}$ | W·h/(m³·m) | 泵站的单位总电耗 |
| $e_{spec}$ | $e_{spez}$ | kW·h/m³<br>kW·h/(I·a) | 与决定性影响因素相关的单位电耗 |
| $e_{th,ext}$ | $e_{th,ext}$ | kW·h/(I·a) | 单位外部热消耗 |
| $e_{tot}$ | $e_{ges}$ | kW·h/(I·a) | 单位总电耗 |
| $f_C$ | $f_C$ | — | 碳呼吸的影响因子 |
| $f_N$ | $f_N$ | — | 氨氧化的影响因子 |
| $g_{CH_4}$ | $g_{CH_4}$ | — | 沼气体积中甲烷的体积分数 |
| $H_i$ | $H_i$ | kW·h/kg | 热值；"$i$"下标，低位热值原先表示为 $H_{low}$ |
| $h_d$ | $h_d$ | m | 空气引入深度，扩散器深度 |

续表

| 符号 | | 单 位 | 释 义 |
|---|---|---|---|
| 英 文 | 德 文 | | |
| $h_{geod}$ | $h_{geod}$ | m | 静扬程 |
| $h_{loss}$ | $h_V$ | m | 由于管道、配件、监测仪表等摩擦产生的水头损失 |
| $h_{man}$ | $h_{man}$ | m | 测压管水头 |
| $I_{el}$ | $I$ | A | 电流 |
| $L_{d,COD,aM,In}$ | $B_{d,CSB,aM,Z}$ | kg/d | 污水处理厂进水日 COD 负荷的年均值 |
| $L_{d,oDM,aM}$ | $B_{d,oTM,aM}$ | kg/d | 有机干物质日负荷的年均值 |
| LOI | GV | % | 干污泥烧失量（loss on ignition of dried sludge） |
| MLVSS | $TS_{BB}$ | g/L | 混合液挥发性悬浮固体浓度（mixed liquor volatile suspended solids） |
| $N_{CHP}$ | $N_{KWK}$ | % | 用于发电的沼气占比 |
| $N_{DG}$ | $N_{FG}$ | % | 沼气转化为电能的效率 |
| oDR | oTR | % | 有机干残渣（organic dry residue）由有机干重与样品初始质量之比确定（oDR＝DR＋LOI） |
| $P_{el,eff}$ | $P_{el}$ | kW | 有效电功率 |
| PE | EGW | I | 人口当量（population equivalents），如污水特征，始终带有参考数和相关居民单位负荷（例如 $PE_{COD,120}$）。取决于参数，一种特定的污水可以有不同的 PE |
| $PT_{COD,120}$ | $EW_{CSB,120}$ | I | 以 COD 负荷每人每日 120g 计算的人口值（人口值＝居民人口＋当量人口）（PT＝$P$＋PE） |
| $Q$ | $Q$ | $m^3/a$；$m^3/d$ | 体积流量 |
| $Q_{air}$ | $Q_L$ | $m^3/h$；$m^3/d$ | 空气流量 |
| $Q_{DG,a}$ | $Q_{FG,a}$ | $m^3/a$ | 标准温度和压力下的年沼气流量 |
| $Q_{DG,d,aM}$ | $Q_{FG,d,aM}$ | L/d | 标准温度和压力下日沼气流量的年均值 |
| $Q_{RS+SS}$ | $Q_{PS+OS}$ | kg/d | 每天流入消化池的原污泥量，即初沉污泥和剩余污泥的总和 |
| $q_{hd,spec,OB}$ | $q_{T,BG}$ | kW·h/(m²·a) | 办公综合楼的单位热需求 |
| $S_{COD}$ | $S_{CSB}$ | mg/L | 用 0.45μm 滤膜过滤后的水样中的 COD 浓度 |
| $S_{NH_4}$ | $S_{NH_4}$ | mg/L | 过滤后水样中氨氮的浓度（N） |
| $S_{NO_2}$ | $S_{NO_2}$ | mg/L | 过滤后水样中亚硝酸盐氮的浓度（N） |
| $S_{NO_3}$ | $S_{NO_3}$ | mg/L | 过滤后水样中硝酸盐氮的浓度（N） |
| $S_{PO_4}$ | $S_{PO_4}$ | mg/L | 过滤后水样中磷酸盐的浓度（P） |
| SAE | SAE | kg/(kW·h) | 标准曝气效率（standard aeration efficiency） |

续表

| 符 号 | | 单 位 | 释 义 |
|---|---|---|---|
| 英 文 | 德 文 | | |
| SOTR | SOTR | kg/h | 清水中的标准氧转移速率（standard oxygen transfer rate） |
| $SSE_{el}$ | $EV_{el}$ | % | 分别与热电联产装置中使用沼气或设备直接驱动有关的电力自给程度 |
| SSOTE | SSOTE | %/m | 单位标准氧消耗效率（specific standard oxygen transfer efficiency） |
| SSOTR | SSOTR | %/m | 单位标准氧转移速率（specific standard oxygen transfer rate） |
| $T$ | $T$ | ℃；K | 温度（temperature） |
| TSS | TS | g/L | 总悬浮固体浓度（过滤残渣，total suspended solids） |
| $t$ | $t$ | h | 运行时间 |
| $U$ | $U$ | V | 电压 |
| $V$ | $V$ | $m^3$ | 体积 |
| $W_{el}$ | $W_{el}$ | kW·h | 有功电量 |
| $X_{DM}$ | $X_{TM}$ | mg/L | 干污泥浓度 |
| $X_{TSS}$ | $X_{TS}$ | mg/L | 通过 $0.45\,\mu m$ 滤膜过滤然后经 105℃ 干燥后的总悬浮固体浓度 |
| $Y_{DG}$ | $Y_{FG}$ | L/kg | 与有机干重相关的单位沼气产量 |
| $\alpha$-value | $\alpha$-Wert | — | $\alpha$-值（界面因子） |
| $\Delta p$ | $\Delta p$ | $mH_2O$ | 鼓风机处的压差（以米水柱为单位） |
| $\Delta T$ | $\Delta T$ | K | 温差 |
| $\Delta T_{DT}$ | $\Delta T_{FB}$ | K | 在 $n$ 天内测量的消化池（罐）的冷却温差 |
| $\eta_{Blower}$ | $\eta_{Geläse}$ | — | 鼓风机效率 |
| $\eta_{el}$ | $\eta_{el}$ | — | 电机效率 |
| $\eta_{Motor}$ | $\eta_{Motor}$ | — | 电动机效率 |
| $\eta_{Pump}$ | $\eta_{Pumpe}$ | — | 泵的液压效率 |
| $\eta_{th}$ | $\eta_{th}$ | — | 热效率 |
| $\eta_{tot}$ | $\eta_{ges}$ | — | 总效率 |

表 2 缩写

| 缩 写 | | 释 义 |
|---|---|---|
| 英 文 | 德 文 | |
| CCA | KVR | 比较成本分析（comparative cost analysis） |
| CHP | BHKW/KWK | 热电联产（厂）（combined heat and power/plant） |
| $CO_2$ | $CO_2$ | 二氧化碳（carbon dioxide） |
| $CO_{2,e}$ | $CO_{2,e}$ | $CO_2$ 当量（$CO_2$-equivalent） |

续表

| 缩 写 | | 释 义 | |
|---|---|---|---|
| 英 文 | 德 文 | | |
| COD | CSB | 化学需氧量(chemical oxygen demand) | |
| E/I&C-Technology | EMSR-Technik | 电子、仪表和控制技术(electronic, instrumentation and control technology) | |
| ErP | ErP | 能量相关产品(energy-related products) | |
| E-Technology | E-Technik | 电气工程(electrical engineering) | |
| FC | FU | 变频器(frequency converter) | |
| HOAI | HOAI | 德国建筑师和工程师服务的官方收费标准[official scale of fees for services by architects and engineers in Germany(Verordnung über die Honorare für Leistungen der Architekten und Ingenieure)] | |
| I | E | 居民(inhabitant) | |
| IE3 | IE3 | 电动机能效等级(三相电机) | |
| OB | BG | 办公综合楼(operational building) | |
| ORC | ORC | 有机朗肯循环(organic Rankine cycle) | |
| P | EZ | 人口(=居民数量,population) | |
| pFA | pFM | 高分子絮凝剂(polymeric flocculation agents) | |
| PI-Flow diagram | RI-FLießschema | 管道和仪表流程图(pipeline and instrumentation flow diagram) | |
| PLC | SPS | 可编程逻辑控制器(programmable logic controller) | |
| PSC | EVU | 供电公司(power supply companies) | |
| PST | VKB | 初沉池(primary settling tank) | |
| PV | PV | 太阳能光电板(photovoltaics) | |
| SST | NKB | 二沉池(secondary settling tank) | |
| STO | RUB | 带溢流的雨水箱(stormwater tank with overflow) | |
| STP | i. N. | 在标准温度和压力下(at standard temperature and pressure)($T=273.15K, p=101\,325bar$) | |

### 表3  使用的角标

| 角 标 | | 释 义 | |
|---|---|---|---|
| 英 文 | 德 文 | | |
| a | a | 年的缩写(annual) | |
| aer | Bel | 曝气(aeration) | |
| air | L | 空气(air) | |
| aM | aM | 年平均值(annual mean) | |
| AT | BB | 曝气池(aeration tank) | |
| $CH_4$ | $CH_4$ | 甲烷 | |

续表

| 角　　标 | | 释　　义 |
|---|---|---|
| 英　　文 | 德　　文 | |
| COD | CSB | 化学需氧量(chemical oxygen demand) |
| d | d | 日的缩写(daily) |
| DG | FG | 沼气(digester gas) |
| DM | TM | 干重(dry mass) |
| DS | FS | 消化污泥(digested sludge) |
| DT | FB | 消化池(digester tank) |
| el | el | 电的(electric) |
| GC | SF | 沉砂池(grit chamber) |
| In | Z | 流入污水处理厂(inflow) |
| InB | ZB | 流入生物处理阶段(inflow to the biological stage) |
| InDT | ZFB | 流入消化池(inflow to the digester tank) |
| N | N | 氮(nitrogen) |
| OB | BG | 运营大楼(operational building) |
| oDM | oTM | 有机干污泥质量(organic dry mass) |
| PS | PS | 初沉污泥(primary sludge) |
| PStat | PW | 泵站(pumping station) |
| SS | US | 剩余污泥(surplus sludge) |
| SST | NKB | 二沉池(secondary settling tank) |
| th | th | 热量的(thermal) |
| tot | ges | 总的(total) |

# 3　步骤的分类和定义

## 3.1　现状

专业文献中提供了大量用以识别和评估污水系统能效的特征值,部分特征值在使用中有不同的含义。

过去几年发布了各类能量优化的行动建议书。将污水处理厂总体或某部分的单位居民电耗[单位:kW·h/(I·a)]与特征值进行比较是这些能量优化行动建议书的基本要素。使用的特征值(分别为理想值、标准值、公差值、目标值、参考值或平均值)描述了大致可比较的值,但它们的来源不同。

通常,不同来源的特征值会有所差异:

（1）统计调查（公差值和目标值）；

（2）污水处理厂模型的工艺过程计算（理想值）；

（3）最佳实践原则（参考值和标准值）。

《北莱茵-威斯特伐利亚州能量手册》（*Energiehandbuch NRW*）（MURL，1999）中提到的理想值为"……基于模型厂的理论计算值，可在最佳条件下实现"。手册《污水处理厂的能量》（*Energie in ARA*）（Müller et al.，2010）将理想值定义为"……根据模型厂和新建筑项目计算的值，可在最佳条件下实现"。

这种理论推导出的理想值只能在假设的污水特性和工艺条件下（如初沉池的沉淀效率、曝气池的曝气深度）才能实现。鉴于使用工艺的多样性和边界条件的不同，文献中提及的各种理想值不宜作为用以遵守的界限值，因为无法保证在具体情况下是否能通过合理的投入实现这些理想值。

巴登-符腾堡州常用的特征值（公差值和目标值）可追溯到巴登-符腾堡州环境保护研究所（LfU BW，1988）（LfU 现在是 LUBW）制定的一项调查。在此过程中，更新了曝气设备的值，现在考虑了德国联邦环境署（UBA）研究的结果（HABERKERN，2008）以及由巴登-符腾堡州的德国水资源、污水与固废管理协会（DWA）详细制定的德国污水处理厂性能报告（DWA BW，2008）的关键结论。公差值可视为各组（曝气装置、滴滤器等）中所有装置的平均消耗值。目标值代表的是一种能量需求，目前约有 10% 的污水处理厂的能量需求已低于规定极限（Baumann et al.，2014）。

奥地利基准化分析报告（KROISS，2002）中提到的参考值是在交叉比较176 个污水处理厂的能源数据和理论思考的基础上得出的。这些参考值适用于使用活性污泥法运行的标准污水处理厂，"…… 如果在污水处理厂的规划阶段，能效已经成为关注的焦点，且污水处理厂以节能模式运行，那么在实践中应该是可以实现的"（AGIS，2002）。

过去在污水收集领域只进行了极少的能耗调研，理由是收集设施和污水处理厂相比能耗相当低。因此，在该领域几乎没有能耗的评估（见第 5 章）。降低污水收集能耗的主要潜力体现在两个方面：泵站的优化和城市排水形式的设计。在现有系统内，很难实现减少污水量、优化排水系统选择、深度优化排水管道布局等类似的目标。除了常规的规划要求，在城市污水管理的新概念中，还应更加注意能量优化方面的规划。详细信息见标准 ATV-DVWK A 134E。有关此方面的更多信息，请参阅手册《污水处理厂的能量》（Müller et al.，2010）。

# 3.2　标准方法

污水处理厂能量效率的检查和优化通过两个步骤实施，各步骤有不同的深入程度和目标。本标准第 5 章和第 6 章详细解释了该方法。

步骤 1：定期执行能量检查

能量检查是根据运营单位自身确定的少量特征值对污水处理厂进行定期能量调研。通过与低于某一累积频率的特征值进行比较来完成能量检查，以表示基于实际运营数据计算得出的特征值范围。

第 5 章（图 1～图 9）概述了能量检查低于某一累积频率的特征值并将其作为初始定位。若污水处理厂能耗的特征值处于不利范围，通常可假设可以确定优化措施。这同样适用于产能（消化池沼气产量、自给程度）。

能量检查原则上应每年进行。从特征值随时间的变化情况可总结得出污水处理厂能量发展情况。此外，从这些特征值可得出能量分析的需求。

步骤 2：开展能量分析

能量分析的目标是对污水处理厂实施详细的能量检查并在此基础上实现污水处理厂运营中的能量优化。与能量检查相比，能量分析要求兼顾设备、工艺过程及建设技术等方面，对污水处理厂的实际情况做出更广泛和更深入的考察。

在能量分析中，能量检查的基本要素扩展为

（1）在能量平衡范围内，对与总量、各单元和污水处理厂组成部分相关的能量需求进行系统详细的调查；

（2）通过比较现状实际值与污水处理厂相关理想值来评估能量状况；

（3）介绍针对能量优化的具体措施，包括预算、节省的能量和运营成本的比较。

污水处理厂相关理想值的作用是描述能量消耗的最佳范围。这些值是在能量分析范围内计算的，并考虑了不可改变的建设和与工艺相关的边界条件，如在经济合理的情况下无法改变的污水成分或泵站的扬程。

# 4 数据材料和相关人员的要求

## 4.1 能量检查和能量分析的关键成功因素

### 4.1.1 能量检查的关键成功因素

基础数据的质量和明确的系统边界（界限）是能量检查成功的决定性因素。进行能量检查，需要专业的知识和运行污水系统的实际经验。

### 4.1.2　能量分析的关键成功因素

能量分析的执行,需要对能源和污水工程领域详细深入地了解。

以下是成功进行能量分析的决定性因素:

(1) 基础数据的质量;

(2) 现状准确的文档资料;

(3) 负责能量分析的专家的资历;

(4) 考虑全厂范围的知识和观点。

重要的是将运行人员的经验与全厂视角相结合,以实现最佳解决方案,并提高对可能的变化的接受程度。

移交运行数据和文档资料后,为检验真实性必须对污水处理厂进行检查。在这种情况下,运行人员有可能并应该向负责进行能量分析的人员提供他们自己的见解和看法。在污水处理厂检查过程中,可最后安排开展额外的数据测量。

## 4.2　数据量和数据质量

### 4.2.1　确定进口处负荷

根据污水处理厂进口处污染物负荷(基于测量值计算)确定的人口当量对许多特征值具有特殊意义,因此选择人口当量为参考值。

污水处理厂进口处的日均 COD 污染物负荷(原污水 COD 负荷和外加碳源)和单位 COD 污染物负荷[120g/(I·d)]作为特定能量需求和沼气产生量的参考值。为了确保与现有调查(DWA Neighbourhoods 调查)具有可比性,本参考文件中,COD 负荷人口当量 120g 是一个计算值,是指 85% 的天数中相应数据低于该值,而非平均值(参见标准 ATV-DVWK-A 198E)。

根据德国联邦各州的自治条例,可在污水处理厂、一级处理和生物反应池的进水处采集样品。若在一级处理出口处确定进水负荷的计算值,则必须参照DWA 标准,根据一级处理的处理效率反算进水值。若城市污水日均值偏差较大,则不能在能量检查中根据低于某一累积频率的特征值进行分类,必须在能量分析中进行明确的重算。

根据指南 ATV-DVWK-M 260 的建议[1],应根据在 24 小时内收集的流量等比例混合水样的测量数据确定决定性的平均负荷。有关测量频率的更多信息和建议,请参阅德国联邦各州的自治条例和 DWA 技术报告《污水处理厂污染负荷数据调查》(*Erhebung von Belastungsdaten auf Kläranlagen*)(DWA,

---

① 　无英文版本。

2011a)。应明确说明建议的合理性检查以获取指南中的确定值。

如未对进口处平均负荷进行可靠估算,则只能在有限范围内比较下文所述的居民单位特征值。在能量分析过程中,只有基于已知的合理参考值(如供水量、脱水污泥负荷等),才能对单一设备或污水处理厂部分进行能量评估。

## 4.2.2 能量检查范围内的数据量和数据质量

对于污水系统的每个组成部分(如污水处理厂、泵站、地表水处理厂等),必须在评估前定义系统边界。正确定义和分类耗能点位对能量特征值的可比性至关重要。若无法明确定义和分类,至少应在计算中考虑到这一点。

能量检查的审查期通常为一年。每年至少应确定的值有:

1)污水系统

(1)总电耗 $E_{tot}$;

(2)污水处理厂进水日 COD 负荷的年均值 $L_{d,COD,aM,In}$。

2)延时曝气的污水处理厂

曝气池曝气电耗 $E_{aer}$(若有实测值,则推荐采用实测值)。

3)带消化池的污水处理厂

(1)标准温度和压力下日沼气流量的年平均值 $Q_{DG,d,aM}$;

(2)沼气体积中甲烷的体积分数 $g_{CH_4}$;

(3)热电联产厂沼气转换产生的年发电量加上设备直接驱动产生的能量当量 $E_{CHP,el}$;

(4)进入消化池的有机干物质的年平均值 $L_{d,oDM,aM}$ 由以下组成:

① 每天进入消化池的原污泥量 $Q_{RS+SS}$;

② 消化池进口处的干污泥浓度 $X_{DM}$;

③ 进入消化池的有机干残渣 oDR;

④ 外部能源供热 $E_{th,ext}$。

4)泵站

(1)泵站电耗 $E_{PStat}$;

(2)压力表压头;

(3)泵站流量 $Q_{PStat}$。

这些数据表明在鼓风机/压缩机和热电联产系统(热电联产、微型燃气轮机、燃料电池等)适当位置安装电表是有必要的。发电量为净发电量。

曝气设备的曝气电耗占污水处理厂总电耗的很大一部分,因此曝气电耗的计算尤为重要。

目前所有污水处理厂均未单独记录生化池曝气(不含回流)的运行能耗。应单独记录污水处理厂运行曝气设备的能耗(见第 5 章)。

此外,根据水头损失的记录可推断曝气元件的状态,以便及时对曝气元件进行清洗或更换。

应建立相应的测量系统连续测量污水处理厂沼气量,并在标准条件下参考,以便获得比较值作为基准。沼气量可以通过使用合适的测量装置或重新计算得到。

可通过定义化石能源的供应量来确定外部供热量(提货单、燃料油箱的加注液位、煤气费账单等)。

压力、扬程和流量数据的准确性对泵站至关重要。只有在接受已知错误的情况下,才可能根据工作时间和特性曲线进行流量替代计算,这将严重限制进一步的评估。记录电耗时,必须观察配套设备和其他用电设备(运营大楼、供暖、照明等)的电耗。

## 4.2.3  能量分析范围内的数据量和数据质量

通常,能量分析的周期为一年。系统边界应与能量检查的边界相对应。
根据现有污水处理厂技术,在进行能量分析时应考虑以下文件和数据。

**常规信息:**

(1)污水系统的名称、地址和运营商;

(2)能量分析操作的联系人;

(3)服务地区评估(相关工业废水排放的类型和程度、居民数量、渗透水量等);

(4)供应合同(电能、燃料油、天然气)。

**工艺技术:**

(1)设计和施工文件。

(2)现有竣工文件,如:

① 工艺流程图;

② PI-流程图;

③ 竣工图;

④ 水力纵断面;

⑤ 污泥处置概念。

(3)已计划的改变:

① 技改措施;

② 运营重组;

③ 水质和水量的变化。

(4)电气/仪表和控制技术的详细规范:

① 低压主配电盘、子配电盘;

② 使用的过程控制系统,数据记录的类型/访问可能性;

③ 控制算法。

**运行数据:**

(1) 污水处理。

① 确定进水负荷的数据($Q_{d,In}$、$C_{COD,In}$、$C_{N,In}$、$C_{P,In}$);

② 确定生物阶段负荷的数据($Q_{d,InB}$、$C_{COD,InB}$、$C_{N,InB}$、$X_{TSS,InB}$);

③ 出水浓度($C_{COD}$、$C_N$、$C_P$、$S_{NH_4}$、$S_{NO_3}$、$S_{PO_4}$);

④ 曝气池的氧浓度;

⑤ 污泥回流比;

⑥ 内循环流量;

⑦ TSS-曝气池中 MLVSS 含量。

(2) 污泥处理。

① 剩余污泥量,DR、oDR;

② 初沉污泥量,DR、oDR;

③ 原污泥量,DR、oDR;

④ 厌氧消化污泥量,DR、oDR;

⑤ 消化池温度。

(3) 接受的外来基质:如共基质、外部污泥、粪便物质,各基质的量、DR、oDR。

(4) 沼气:标准温度和压力下的气量、成分(尤其是甲烷浓度)、用途、烧失量。

(5) 能量和运行资源消耗量(年值)。

① 总电耗;

② 总热耗;

③ 外部能量、石油、天然气采购;

④ 设备部件的能量需求(如果有)。

(6) 热能需求。

① 全年热量需求分析(在现有热量计的基础上计量,如适用);

② 建筑(结构工程、墙体施工、可用区域的详细信息,如适用);

③ 消化池(消化池墙体构造详图)。

(7) 沼气的利用(加热、热电联产、微型燃气轮机)。

① 类型;

② 焚烧产热,输出电能和热能;

③ 制造商提供的满负荷和部分负荷下的效率(电、热);

④ 自产能量(电、热)。

（8）其他产能。

（9）单元列表。

① 类型；

② 施工年份；

③ 运行时间、运转小时数；

④ 标称容量、$\cos\varphi$、$U$、$I$ 和（或）电耗；

⑤ 变频器的详细信息。

对于个别设施，还需要以下信息：

（1）搅拌器。

① 池容积；

② 控制。

（2）泵。

① 泵的类型和叶轮的形状；

② 输送能力的过程线；

③ 特性曲线；

④ 控制；

⑤ 运转小时数；

⑥ 表压力（大地测量水头）；

⑦ 泵井的开关点。

（3）压缩机、鼓风机。

① 平均负荷和最大负荷下的能力；

② 特性曲线；

③ 控制；

④ 应用的通风技术。

（4）排水设施：平均负荷和最大负荷下的能力。

## 4.2.4 能量分析框架下数据的可靠性检查

提供的数据和文档应确保可评估污水处理厂的状况，并可评估优化措施对污水处理厂运行的影响。因此，需确保数据和文档的高质量。作为能量分析的基础，在进一步使用这些数据和文档前，必须检查其合理性。

可通过程序上的关键指标及物料、质量和能量平衡进行合理性检查。详细信息请参考指南 ATV-DVWK-M 260[①]。

参照指南 DWA-M 368[②]，必须将测得的污泥体积与理论污泥体积进行比较。

---

① ②　无英文版本。

COD 平衡对污泥处理至关重要。污泥处理领域中可用的 COD 分析值很少,因此可采用沉降体积和烧失量或残渣与气量进行平衡。进入消化池的有机负荷应等于消化池出口的有机负荷加上转化为气体的有机负荷(参见指南 DWA-M 264)。若有疑问,可根据指南 DWA-M 368[①] 中给出的单位污泥量控制污泥容积。

同样,还需要对沼气流量检测的可靠性进行检查。测得的沼气产量必须与沼气(如 CHP)的利用率加上烧失量相对应。将热电联产沼气消耗量的实测值,与基于发电量和发电效率的计算值进行比较。测量的气体体积流量必须转换为标准温度和压力下的体积流量。

# 5 能量检查

能量检查的目标是形成污水系统的能量清单,该清单包含初始状态下的能量消耗和能量产生情况。能量检查是一种能量自评估的手段,因此该过程的设计考虑了运行人员能够根据一些特征值自行完成。

能量检查的结果将有助于识别最明显的缺陷,但无法提供可靠的定量说明和详细确定的原因。能量分析将完善上述内容。建议开展年度能量检查实现自我监督,如基准化分析,以确定自己的阶段定位或直观展现取得的阶段性进步。

能量检查过程中将确定一些相对容易识别且与能量相关的特征值。表 4 汇总了这些特征值。一般来说,污水处理厂有无消化工艺其特征值是有区别的。

根据各个污水处理厂的工程设计和数据是否可得的情况,能量检查中的特征值范围可以进行调整。

表 4 能量检查的特征值

| 符 号 | 单 位 | 特征值描述 | 公 式 | 变 量 定 义 | |
|---|---|---|---|---|---|
| $e_{tot}$ | kW·h/(I·a) | 污水处理厂的单位总电耗 | $e_{tot} = \dfrac{E_{tot}}{PT_{COD}}$ | $E_{tot}$ | 全厂总耗电量(kW·h/a) |
| | | | | $PT_{COD}$ | 以 COD 负荷 120g/(I·d)计算的人口值 |
| $e_{aer}$ | kW·h/(I·a) | 曝气池内曝气单位电耗* | $e_{aer} = \dfrac{E_{aer}}{PT_{COD}}$ | $E_{aer}$ | 全厂曝气池总耗电量(kW·h/a) |
| | | | | $PT_{COD}$ | 以 COD 负荷 120g/(I·d)计算的人口值 |

① 无英文版本。

续表

| 符号 | 单位 | 特征值描述 | 公式 | 变量定义 | |
|---|---|---|---|---|---|
| 带有消化工艺的污水处理厂 | | | | | |
| $e_{DG}$ | L/(I·d) | 与居民总数和人口当量相关的单位沼气产量 | $e_{DG}=\dfrac{Q_{DG,d,aM}}{PT_{COD}}$ | $Q_{DG,d,aM}$ | 标准温度和压力下日沼气流量的年平均值(L/d) |
| | | | | $PT_{COD}$ | 以COD负荷120g/(I·d)计算的人口值 |
| $Y_{DG}$ | L/kg | 与有机干重相关的单位沼气产量 | $Y_{DG}=\dfrac{Q_{DG,d,aM}}{L_{d,oDM,aM}}$ | $L_{d,oDM,aM}$ | 有机干物质日负荷的年均值(kg/d) |
| $N_{DG}$ | % | 沼气转化为电能的效率 | $N_{DG}=\dfrac{E_{CHP,el}\times100}{Q_{DG,a}g_{CH_4}\times10}$ | $E_{CHP,el}$ | 热电联产厂的年发电量加上年直接驱动产生的能量当量(kW·h/a) |
| | | | | $Q_{DG,a}$ | 标准温度和压力下的年沼气流量(m³/a) |
| | | | | $g_{CH_4}$ | 沼气池气体体积中甲烷的体积比例(1)(如0.64) |
| $SSE_{el}$ | % | 电力自给程度 | $SSE_{el}=\dfrac{E_{CHP,el}}{E_{tot}}\times100$ | $E_{CHP,el}$ | 热电联产厂的年发电量加上年直接驱动产生的能量当量(kW·h/a) |
| | | | | $E_{tot}$ | 全厂总耗电量(kW·h/a) |
| $e_{th,ext}$ | kW·h/(I·a) | 单位外部热能消耗 | $e_{th,ext}=\dfrac{E_{th,ext}}{PT_{COD}}$ | $E_{th,ext}$ | 供热的外部能量(kW·h/a)(化石燃料) |
| | | | | $PT_{COD}$ | 以COD负荷120g/(I·d)计算的人口值 |
| 泵站 | | | | | |
| $e_{PStat}$ | W·h/(m³·m) | 泵站的单位总电耗 | $e_{PStat}=\dfrac{E_{PStat}\times1000}{Q_{PStat}h_{man}}$ | $E_{PStat}$ | 泵站耗电量(kW·h/a) |
| | | | | $Q_{PStat}$ | 体积流量(m³/a) |
| | | | | $h_{man}$ | 测压管水头(m) |

提示
＊如有必要,可用实测值。

可以根据低于某一累积频率的数值确定特征值(图1～图9)进行初步判断。在这种情况下,应该考虑到目前德国污水处理厂单位总电耗的数据可用性是最高的。对于其他特征值,可获取的数据记录极少。因此,图3～图8中没有明确区分污水处理厂的规模。

单位总电耗的低于某一累积频率的特征值(图1和图2)是基于DWA建立的德国污水处理厂运营报告中的数据(DWA,2013)。图3～图9中低于某一累积频率的特征值是根据汉堡市、柏林市、石勒苏益格-荷尔斯泰因州,巴登符腾堡州,勃兰登堡州和巴伐利亚州的调查数据以及不同城市和污水处理协会所提供的运营数据确定的。

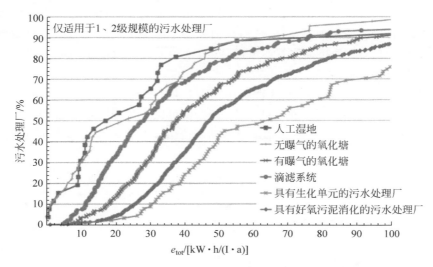

图1　1、2级规模的污水处理厂不同处理工艺的单位总电耗

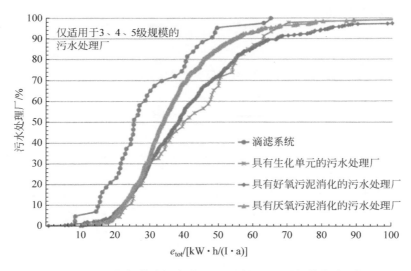

图2　3、4、5级规模的污水处理厂不同处理工艺的单位总电耗

如果某处理厂的电耗特征值偏高,则该厂可能具有能量优化潜力。

从城市污水处理厂获得的低于某一累积频率的特征值表明,特别是对于较小的污水处理厂,单位总电耗 $e_{tot}$ 取决于所使用的工艺。

在实践中,确定曝气设备的电耗是非常繁琐的,通常需要进行更深入的分析(曝气/鼓风机、循环、再循环、污泥回流的能耗)。因此,在能量检查的范围内引入 $e_{aer}$(曝气设备曝气的单位电耗),目标是满足该范围的最大能耗者。这个特征值经过多年的定期测定,提供了有关曝气系统状态的信息,特别是有关曝气元件状态的信息。

正如在污水处理厂曝气的运行期间,由于材料老化和(或)曝气器上的沉积物(结垢、污染),输入效率下降,该特征值提供了有关必要清洁和鼓风机效率降低的有价值信息。如果损伤是不可逆转的,这种方法可以确定与电耗相关的曝气系统修复的正确时间。

在具有消化功能的污水处理厂中,沼气的产量由居民单位沼气产量 $e_{DG}$ [L/(I·d)]来描述。根据相应的可靠数据,也可以使用与有机干重相关的单位沼气产量 $Y_{DG}$(L/kg),这在技术上更有参考价值。在假设有共基质和(或)外来污泥的情况下尤其如此。

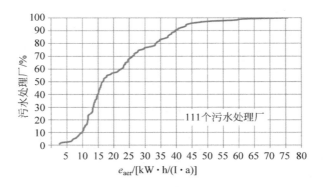

图3  污水处理厂单位曝气电耗 $e_{aer}$

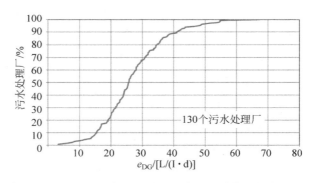

图4  相对于居民总数和相关人口当量的单位沼气产量 $e_{DG}$

图4所示的居民单位沼气量高于许多污水处理厂的 DWA 的值范围(见指南 DWA-M 368[①],DWA-M 264[②]),因为用作图表基础的数据还考虑了接受外部污泥和(或)共基质的污水处理厂。图5反映了假定辅酶的影响。

---

①②  无英文版本。

虽然可以通过进入消化池的有机干重来判断对外源剩余污泥的接收程度，然而共基质每千克有机干重的产气量更高，将导致产气量远超过常规市政原污泥可达到的最大 480L/kg 的值（参见指南 DWA-M 264：2015）。

如果某污水处理厂自身的沼气产量和利用量的特征值，处于某一累积频率的特征值以下，可以得出该厂具有相应的优化潜力。参数沼气电能转化比 $N_{DG}$（%）表示沼气中可用能量已在热电联产发电厂中转化为电能的百分比。

影响参数 $N_{DG}$（%）的主要因素是沼气转化为电能的百分比和热电联产厂的电效率。

在理想情况下，全部的沼气都应该用于发电。对 CHP 的检查和维护工作可能会限制这种完全转化。产气量的不连续以及没有储气罐或储气罐过小，导致了气体通过燃烧的方式浪费。

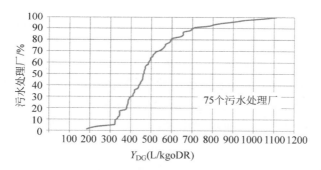

图 5　与投加有机物干重相关的单位沼气产量 $Y_{DG}$

根据图 6，在 50% 的水厂中 $N_{DG}$ 值约为 26%。应该注意的是，与 5 类污水处理厂相比，较小的污水处理厂可实现的 $N_{DG}$ 值较低。

沼气转化为电能的自供电程度 $SSE_{el}$（%）的参数背景是为了实现污水处理厂可用沼气的完全利用，以最大程度覆盖厂内电耗。

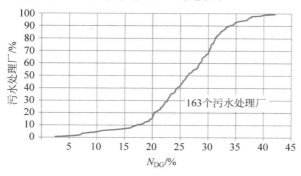

图 6　沼气转化为电能的比率 $N_{DG}$

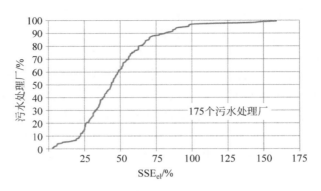

图 7    电力自给程度 $SSE_{el}$

根据图 7,在所有被分析的污水处理厂中,50%的污水处理厂沼气发电相关的电力自给程度 $SSE_{el}$ 高于 44%。

单位外部供热 $e_{th,ext}$ 提供了有关额外使用一次能源(如取燃料油和天然气)的信息,以满足有厌氧消化的污水处理厂的供热需求。如果热电联产使用了额外购买的化石一次能源,则必须减去这些额外的一次能源以计算 $e_{th,ext}$。图 8 清楚地表明,尽管有厌氧污泥消化和沼气生产,仍有约 1/3 的污水处理厂使用额外的化石能源,从中可以看出优化的基本需求。有厌氧污泥消化和热电联产的污水处理厂应通过热电联产或其他非化石热源满足其全部热量需求。

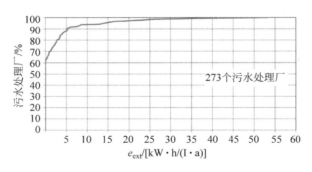

图 8    单位外部热能耗 $e_{ext}$

对于污水处理厂用电能满足其热需求的问题,应结合单位总电耗来评估该特征值。

过去很少关注污水收集的电耗,因为它与污水处理过程的电耗相比相当小。由于泵站有自己的电表,因此通常会准确记录泵站的能耗。而实际输送流量和扬程很少记录。为了整体考虑,还应确定泵站运行的特征值。

泵送每立方米污水的电耗特征值为泵站的能量评估提供了重要信息。定时评估有助于及时发现磨损。应区分以下三个主要泵站类别,分别是污水泵站、混合污水泵站和雨水泵站。然而,根据目前可获得的数据进行相应的区分尚不可行。如果有各泵站的测压头和实际流量数据,则可以在此基础上计算单位为 $W \cdot h/(m^3 \cdot m)$ 的电耗值(如图 9 所示)。

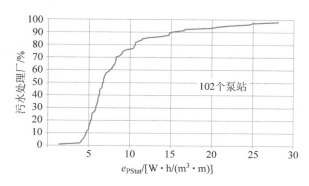

图 9　污水泵站的单位电耗 $e_{PStat}$

# 6　能量分析

## 6.1　概述

污水处理系统能量的详细检查和评估是能量分析的关键环节。基于能量详查和评估可制定污水处理系统节能降耗措施。

在能量检查中若个别特征值具有优化潜力,且这些特征值随时间呈负增长变化,则建议采取优化。能量分析可为污水处理系统提供能量优化的方向,即便是在能量检查中特征值已在合理范围内的设备或污水处理厂。能量分析也可为计划扩建/改建的污水处理厂提供实现节能降耗的优化方向。

能量分析检查了电能和热能相关的能量状况,消耗值和生产值需要在不同条件下进行比较。如果污水处理厂有大量外购能量满足热能需求,或周边有大型用户利用余热,其热能分析更为重要。

在进行能量分析及进一步确定自给率($SSE_{el}$)时,宜考虑未来应用风能、水力发电或光伏发电等可再生能源,并定义和确定其特征值。

能量分析的工作步骤见图 10。步骤 3～步骤 5 的结果相互影响,需进行迭代处理。

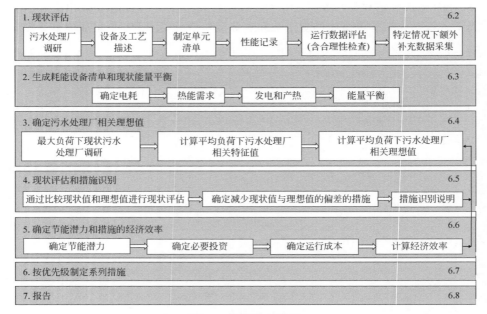

图 10　能量分析流程

# 6.2　现状评估

现状初步评估应与操作人员在全厂范围内共同开展,在此过程中依据现场工作人员的评估,确定实际操作情况与文档资料(设计文件/操作手册、工艺流程图等)的偏差,特别是流程和能量相关的不足或优化潜力。

应对污水处理厂的运行模式及特殊之处加以描述,并在污水和污泥处理工艺流程图中进行说明。

能量分析中现状评估包括:

(1) 能量检查和其他研究(工艺基准化分析)的结果;

(2) 污水处理厂调研;

(3) 设备及工艺描述;

(4) 制定单元清单;

(5) 关键单元的性能检查;

(6) 运行数据评估(含合理性检查);

(7) 特定情况下额外补充数据采集。

应使用与能量分析相关的信息描述污水处理厂。除现场地址、联系人和新建/扩建/改建年份等一般性数据外,还应收集汇总污水处理厂每个单元或每个大型设备的特有关键参数,并记录污水处理厂的运行数据(见 4.2.3 节)。收集的信息和运行数据应进行合理性评估(见 4.2.2 节)。

评估结果应与相应的性能参数一同列在单元清单中。若缺少性能数据,特别是带有变频器的大型机器或单元缺少性能数据时,应进行相应的性能测定。

若对测定结果不满意或数据量不足时,则需补充采集数据。

## 6.3 生成耗能设备清单和现状能量平衡

### 6.3.1 确定电耗

保证单个设备和整个污水处理厂的实际电耗的准确性,对由此推断的特征值的可信度以及性能审查至关重要。测量期间确保使用合适的测量仪器,对于可产生谐波的变频器或电子调光器等元器件应更加注意测量仪表的选择。

随着电子元器件数量的不断增加,电网中谐波的负载会越来越大。由于谐波存在:①电流会在对称负载三相电源下的零线内流动;②简单的电流测量装置(不能补偿谐波)不再适用。

三相系统的实际能耗一般通过有效电功率 $P_{el,eff}$ 随时间的积分测量得到,可根据以下物理方程确定:

$$P_{el,eff}(t) = \sqrt{3} \cdot I(t) \cdot U(t) \cdot \cos\varphi(t) \qquad \text{公式 1}$$

$$W_{el}(t) = \int_0^t \sqrt{3} \cdot I(t) \cdot U(t) \cdot \cos\varphi(t) \qquad \text{公式 2}$$

系统产生的无功功率需限制在内部设定值内(无功功率补偿)。

电压、电流以及观察周期相位角的平均值作为实际能量粗略计算的基准。

$$E_{el} = W_{el} = (U \cdot I \cdot \sqrt{3} \cdot \cos\varphi) \cdot t \qquad \text{公式 3}$$

式中: $t$ 为工作时间,单位为 h/a 或考察期的小时数。

此外,从电网接入端到驱动电机之间的每个元器件都会产生压降,从而产生损耗,因此测量位置也很重要。通常作以下假设,预估上述损耗($I_{lling}$,2013):

(1) 中压系统      $<0.1\%$;
(2) 变压器      约 $0.5\%$;
(3) 至开关的外部线路      约 $1\%$;
(4) 开关和控制系统      约 $1\%$;
(5) 变频器(FC)      约 $5\%$;
(6) 至驱动电机的电缆      $1\% \sim 2\%$。

因此,一台设备的总能耗由其能量消耗加上上述损耗确定。建议将测量仪表安装在尽可能靠近待监测装置或能量中心的位置。

电缆和变频器的损耗可分配到它们对应设备的总能耗中,或将其合并作为能量平衡中的一部分。

在实际过程中,设备的电耗值通常可包含前端变频器的损耗值,因此无须进行额外测量。

在进行性能测量时，必须同步记录各设备的关键运行参数，如泵井的水位或压力值、鼓风机压差和送风量。

对于受日常变化或季节交替影响较大的单元（如进水泵站），若无可用的测量数据，可通过运行数据确定特征线或特征图（如与输水量相关的电耗），并据此评估能耗。

为保证能量测定的精度和效率，以及成功监控已实施的措施，建议为主要的设备和驱动器安装自动、耐久并可连续记录的电表。

应根据工艺步骤/污水处理厂系列分类制定包含所有系统单元的耗能设备矩阵清单。清单示例见附录 C。

当污水处理厂各单元甚至设备可以通过电表计量时，应对电表的测量值和相关耗电设备的外推值进行合理性检查。

### 6.3.2　热能需求

必须确定污水处理系统的热能需求，并分别列出各个耗能单元。若无可用的热能测量数据，可根据附录 A.2 中所述方法估算各个设备的电负荷。估算值必须由年平均值计算得到，若可能还应按不同季节分别计算。

特别注意：

（1）消化池的传输损耗；

（2）原污泥加热处理的热能需求；

（3）建筑供暖和热水处理系统；

（4）输出到外部热力管网的热能；

（5）特殊应用，如工艺单元加热（脱氨）；

（6）通过 CHP 紧急冷却散热。

若污泥还采用了热处理，则必须考虑该污泥处理厂的传输损失和蒸汽做功的情况（如有）。

### 6.3.3　发电和产热

污水处理厂的能量优化不仅着眼于节能和提高能效，还应关注产能。污水处理厂可实现产能的过程包括污泥处理、沼气利用、热能回用（来自污水或鼓风机余热）以及水力发电等。有关利用污水热能潜力的详细技术说明，请参见咨询指南 DWA-M 114E"污水能量-热能和势能"。

通常可通过热电联产发电设备（沼气或天然气热电联产）、光伏发电站、风能发电设备、小型水电系统等进行内部发电。为了后续能量平衡，应将总净发电量、自给率和反供公共电网的份额等信息记录在案。

自给程度应在能量分析过程中确定（见 6.3.4 节能量平衡）。自给程度仅指"污水产生的能量",如沼气,可直接从市政污泥或污水(工业污水处理厂)中获得,并转化为电和(或)热。在能量分析过程中,混合发酵归类为污水产生的能量,可计入污水处理厂自给程度。光伏发电站、风能发电站、小型水力发电站和化石能源自行发电产生的电能不计入污水处理厂的自给程度。

若装置由沼气或天然气电机直接驱动,则须将其换算为电力输出当量,并根据其驱动方式,计入自供(沼气)或外部能源供应(天然气热电联产)中。

单一机组(如燃烧器或热电联产机组)通过读取热量表确定产生的热能。若未安装热量表,可按照厂家提供的说明书中的热效率确定一次能源产生的热能。

为保证气体体积准确平衡并确定热值,应以标准立方米($m^3$ 标况下)为单位记录气体体积。

用于电力供热或电热泵的电力份额应计入能量平衡中的能量输入。产生的热能(含余热)应计入热量平衡中的能量产出。污泥换热器中余热的直接利用同样适用。

### 6.3.4 能量平衡

考虑到在记录电气及物理参数时的测量误差,在能量平衡表中,所有单元的耗电量(含损耗)(见 6.3.1 节)应与实际用电量(供电公司账单)加上净发电量再减去发电回用量的结果相一致。

根据 6.3.2 节确定的热能需求包括供应至外网的热能,应与 6.3.3 节中产热过程中应急冷却设施的散热量目标值进行比较(闭合热平衡)。能量平衡可以表格(见附录 E)或桑基图(桑基能量平衡图,见附录 F)的形式体现。桑基图可在闭合图中呈现所有能量流。

## 6.4 确定污水处理厂相关理想值

### 6.4.1 概述

污水处理厂相关理想值由各个工艺单元的相关理想值组成。污水处理厂相关理想值并非固定值,它与现状污水处理厂配置和运行模式等边界条件有关。每个独立工艺单元的最佳能量需求确定后,将与设定边界条件下的实际能量需求进行对比。请参阅附录 A 选择最佳数值的范围。污水处理厂相关理想值与现状数值的对比可以揭示其节能潜力,为制定措施提供方向。

为了进行能量分析,通过改变个别边界条件,确定不同情景下的污水处理厂相关理想值,为评估重要和长期发展的能量需求提供了可能性。

### 6.4.2 污水处理厂复核

首先,应核查污水处理系统实际需要的容积和设备规格。对于城市污水处理厂,应考虑未来的负荷变化,确定中期的负荷下沉砂池、预处理和生物处理必需的池容积,以及泵站流量、曝气量和污泥处理量。污水处理厂复核可参考DWA标准 ATV-DVWK-A 198E、DWA-A 131 2015(草案)①、指南 DWA-M 229-1②以及指南 DWA-M 368③。

## 6.4.3　计算平均负荷下的污水处理厂相关特征值

年平均值是设污水处理厂相关理想值的基础。因此,应确定年平均负荷条件下的泵站流量、曝气量和污泥处理量。好氧污水处理厂的复核结果可以提供基于现状池容积确定的年均需氧量、污泥量和污泥龄,平均污泥浓度和平均温度。复核一般参照标准 DWA-A 131:2015(草案)④中定义的方法。对于好氧污水处理厂,以下内容应作为计算基础:

(1) 好氧污水处理厂总进水年负荷,包含回流的污染负荷(工艺用水等);

(2) 内循环(内回流,污泥回流)的年平均流量;

(3) 年平均固体浓度和年平均污水温度。

将复核的结果与实际运行数据进行比较,若污泥产量、干固体浓度、内循环量或回流污泥量出现重大偏差,则必须对使用的运行数据和采用的计算假设提出质疑。

## 6.4.4　计算污水处理厂相关理想值

为了确定单个工艺单元或系列工艺单元的理想值,附录 A.1 中列出了最优电耗条件下的单位理想值("最佳值或范围"列),以及相关联的实际运行数据。各个工艺单元理想情况下的预期电耗[分别以 kW·h/a,kW·h/(I·a)为单位]依据运行数据(如进水、负荷)计算得到。计算结果可直接与实际数值进行比较(见附录 C)。

若不能通过单位理想值乘以运行数据来确定污水处理厂相关理想值,可参考附录 A 表格中的数值。

附录 A 汇编了城市污水处理厂常用工艺的计算方法。附录 A 中未列出的其他工艺的理想值可使用相同方法计算。

海拔高程、污水水质或水量等不变或难以改变的边界条件,必须根据实际情况进行考虑。

将计算得到的各工艺单元相关理想值与实际的电能和热能消耗量、产生量进行比较。为了便于比较,绝对数值单位为 kW·h/a,比值单位为 kW·h/(I·a)。

污水处理系统热能需求的理想值通过附录 A.2 的公式计算得到,理想值以年过程线的形式表示,并根据夏季月份和冬季月份分别计算。

---

①～④　无英文版本。

污水处理厂热能、电能产生的理想值参照附录 A.3,使用热电联产系统(CHP,微型燃气涡轮发动机)的单位理想值计算得到。

### 6.4.5 低负荷性能的相关建议

在计算污水处理厂相关理想值时,必须考虑各单元低负荷时的性能,尤其是电机(包括热电联产系统)、泵、风机和曝气装置。绝大多数电气设备在相对较小范围内的高效区间里可以达到最大效率。若实际的负荷偏离高效工况,效率将逐渐降低,并导致较高的单位能耗。电机、泵和风机的效率通常随着负荷的降低而降低,特别是在负荷显著下降的情况下(见附录 A.6)。

应当注意的是,对于低负荷,尤其当电机与耦合功率相比有很高的富余量时,设备本身的效率(如泵的水力效率、风机的效率)及电机效率会降低。通常可将过大的电机更换为较小的规格,无须更换整套电气设备。效率更高的电机或高频电机与传统形式的电机相比,低负荷性能更好。通过变频器或定时器可以改善泵的低负荷性能。

但是,曝气装置的效率(以 SSOTE 或 SSOTR 表示)随着进气量的下降而增加,在低负荷范围内尤为明显。因此可通过降低利用率(额外安装曝气装置)提高污水处理厂相关理想值。低负荷范围内变压器的效率也会比额定工况提高 $10\%\sim100\%$。

因此,在计算污水处理厂相关理想值时,应重点确定高耗电工艺单元在频繁运行状态下(如在干燥天气下运行)的平均负荷。若有必要,可更换电力设备或额外安装较小规格的设备改善经济性。当多台电气设备组成一套机组时,通过合理调节设备启停或合理组配多台设备,均可提升机组的总体效率。

然而由于污水处理厂的负荷条件不断变化,因此原则上只能使用电气设备的最佳效率计算污水处理厂相关理想值。

曝气池的曝气年平均电耗可根据附录 A.1 估算,其中,标准条件下所需的供氧量应以年平均值估算,而非计算范围内的每小时最大需氧量。除平均年负荷外,在计算中,影响系数 $f_C$ 和 $f_N$ 取值为 1。本计算结果仅为曝气池曝气的电能需求估算。更加精确的计算请参考指南 DWA-M 229-1[①]。

## 6.5 现状评估和措施识别

### 6.5.1 现状评估

将现状值与污水处理厂相关理想值比较对现状进行评估。为此,按照

---

① 无英文版本。

附录 A.1 对比污水处理厂各部分的实际值和污水处理厂相关理想值,根据两者差值可识别各个耗电设备或工艺单元的节能潜力。

### 6.5.2 措施识别

应通过解析 6.5.1 节确定现状值与理想值差异的原因,并据此识别措施。

首先应重点考虑以下方面:

（1）运行参数设置;

（2）使用节能设备;

（3）使用最佳规格的设备;

（4）工艺调整。

设备大修(节能设备、曝气元件)期间宜同步实施节能措施。

需要对污水处理厂长期运行的装置(如搅拌器、回流污泥、内循环等)和常规运行参数(如氧浓度、池液位、总固体浓度等)的设定值进行核查,为此,需要对比实际性能数据和理论计算性能数据。

识别的措施应全面考虑,满足各方面的要求(如常规要求、工艺流程、安全方面等)。电气/仪表和控制技术与设备和工艺过程密切相关,因此制定电气技术措施需同时考虑工艺过程优化。在电气技术优化之前,应先检查对应的工艺部分情况。

热能优化主要针对大型耗能单元,如污泥厌氧消化、建筑供暖和污泥热干化(若有)。因为污泥加热在整个污水处理厂热能需求中占比较高,因此应重点检查污泥预浓缩的程度。

在产能方面,能量优化主要包括沼气使用(电和热)和热能回收(如从沼气、污水和压缩空气中回收)。

针对污水处理厂能量优化,可以采用工艺优化调整的方式,特别当关键设备需要更换或实际污水水质与设计水质存在较大差异的情况。

除介绍工艺流程外,还应说明识别的措施对污水处理厂运行的影响,根据具体情况,应描述对运行管理、污泥处理和污水处理厂出水水质的影响。

## 6.6 确定节能潜力和措施的经济效率

### 6.6.1 确定节能潜力

措施的节能潜力根据现状和实施措施后的能量使用差异计算得到。

为此,必须将制定的措施纳入计算中,例如更换新泵或优化运行带来的效率值提升。

附录 A.1～附录 A.8 表格中的方法不仅是现状评估的分析方法,还可用于计算优化措施的影响。

### 6.6.2　确定经济效率

为评估措施的经济效率,应对措施的投入(投资利息、优化后的运行成本)与节约(如能量成本、运行资源减少、排污费等)进行比较。

应列出建筑工程、机械设备和电气工程的必要投资。

根据能量分析的规划深度进行计算的成本应与德国工业标准 DIN 276-1 确定的预算相对应。详细的成本计算和盈利能力分析在深化设计阶段进行(HOAI-规划服务)。

设备的能耗通常随着运行时间的延长而增加。如更换曝气池中的曝气装置后,随着运行时间的增加,节能效果会较初始效果降低。在评估经济效率时应考虑上述情况。

根据动态成本比较 DCC 指南(DWA,2012)的要求,可采用简化程序估算经济效率。该流程将增加的年成本和运行成本与实现节省的费用进行比较。成本效益比小于 1 表示经济可行。

在德国可再生能源法案(the German Renewable Energies Act,EEG)、德国热电联产法案(the German combined Heat and Power Act,CHP 法案)及其他法定福利规定下的资助、捐赠和利润可以考虑在内,必须单独列出。

成本比较的结果可借助敏感性分析进行验证。投资成本波动率、利率和能源价格波动是敏感性分析的主要影响因素。

## 6.7　按优先级制定系列措施

识别的措施可分为立即性措施、短期性措施和依赖性措施。

立即性措施(I)是指可在短期内以有限成本实施的措施。标准是:

(1)成本效率显著;

(2)无须设计或设计工作量低;

(3)独立;

(4)易于实施。

这类措施的典型案例包括更改设备的切换点或参考设置。

短期性措施(S)可在能量系统改建或扩建时短期内实施。短期性措施可能需要为设计和新增措施进行更为详细的调查。这类措施的典型案例包括可编程逻辑控制器(the programmable logic controller,PLC)的重大修改、单台设备或部分设备的更换。

依赖性措施(R)往往伴随着较差的成本效益比,因此只有在未来大修、改造或重建施工时实施,才能具备一定的经济性。技术和经济的发展会使最初的不经济措施发生转变,因此应关注措施中期的价格和成本变化。

依赖性措施的案例包括基本流程变更、缺陷设备更换、厌氧消化系统施工时建设热电联产等。

应根据实施阶段(I)、(S)和(R)对措施进行分类,并以能量效率证明(见附录G)的形式列出预计节能效果。

应采用表格形式列出措施实施的经济性,包括实施时间、成本效益比和节能潜力。

## 6.8　报告

能量分析的结果应整理为报告。报告的结构应遵循能量分析的过程步骤(见6.1节~6.8节)。报告应至少包含以下信息:

第1部分:引言、内容和目的。

第2部分:调查和能量检查结果,污水处理厂工艺相关介绍(含工艺流程图),包含能量特征值的设备汇总表、各工艺单元的电能和热能平衡。

第3部分:确定污水处理厂相关理想值,对比实际值与理想值,为制定优化措施提供依据。

第4部分:根据各个可能优化的方面制定措施,包括措施描述和效益评价(每个措施的效益评价呈现方式相同),对应实施阶段总结说明各项措施并编制汇总表。

此部分应包含以下相关数据:

(1) 节能潜力(单位:kW・h/a和€/a);

(2) 运行费用(单位:€和€/a);

(3) 成本效益比(措施表)。

第5部分:成果监测的建议。

第6部分:总结及未来工作展望。

# 7　成果监测的方法

使用能量检查和能量分析方法对污水处理系统进行能量优化是一个持续改进的过程。成果监测是这一过程中不可或缺的部分。成果监测主要验证这一项措施是否产生了预期的节能效果。成果监测是必不可少的,特别是涉及对运营产生负面影响的措施(如沉积物、增加运营费用等)。

能量检查的规律性为最初的成果监测提供了特征值。通常,必须收集和评估更多的数据,特别是同时实行多个措施或预测的影响在正常波动范围内的情况。数据应在更长且具有代表性的参考期内收集。为使数据具有可比性,应观察负荷情况、气候条件和运行设置等因素。

　　然而,对于当前数据和过去几年运行状态的比较,由于独立于措施的边界条件不会完全相同,因此始终存在一定程度的不确定性。在适当的情况下,可能需要计算校正或重复数据收集。

　　基于这些数据,根据用于确定和规划相关措施的方法,确定措施的实际节能和经济效率。此处比较绝对消耗数据(如以 $kW \cdot h$ 为单位的电耗)可能是有意义的。

　　投资成本是确定建设措施经济效率的关键因素。在规划和实施阶段,必须分别将这些措施的经济效率与当前成本进行比较。

　　在规划措施时,必须考虑成果监测所需的测量装置。

　　成果监测的费用基于污水处理厂运营商的利益。虽然额外测量和更详细的检查会产生更高的费用,但以下情况可能是可行的:

　　① 对经济效率有疑问(有限或不确定的预测),但仍有可行的措施;

　　② 应在其他设备或工艺段实施的措施;

　　③ 设计师或生产商提供了保证。

# 8　成本及环境影响

## 8.1　对污水处理厂出水水质的影响

　　总体上,污水处理厂的出水水质不允许因能量优化措施而恶化。在规划和实施能量优化措施时,应考虑这一原则。

　　众多实例的评估表明,保证高品质出水和(或)运行稳定性与能量优化不是相互对立的目标。

## 8.2　其他环境影响

　　本标准的应用产生了一个记录和评估污水系统能量参数的标准化程序,其最终目的是确定和实施污水处理厂的能量优化措施,通常不会对环境产生负面影响。

　　本标准的应用导致能耗减少或可再生自产能增加,如果相应的能量未被再生能源或碳中和所覆盖,将有助于减少温室气体排放。

　　通过一个换算因子,可以计算得到节约每千瓦时电能相应减少的 $CO_2$ 排放量(UBA,2014),该换算因子是根据德国每年更新的产电综合系数推导而来,由联邦环境局等发布。该文献还提供了其他能源的转换系数。可根据实际消耗数据和特征值计算 $CO_2$ 减排量,并展现对气候保护的积极影响。

污水收集和处理会直接排放一氧化二氮($N_2O$)和 $CH_4$ 等有害气体。在活性污泥工艺段优化能耗的措施可能会对这些气体排放产生影响。在污水处理厂中,$N_2O$ 的直接排放通常来自生物处理阶段,生物处理阶段产生的 $N_2O$ 是脱氮的副产品(Wunderlin et al.,2012)。对奥地利污水处理厂的综合研究表明,硝化作用是 $N_2O$ 的主要来源。脱氮效率和曝气池中的负荷比是影响 $N_2O$ 生成的主要运行因素(Parravicini et al.,2015)。目前已有的研究尚不能对这些结果进行普遍适用的量化(Ores-alslna et al.,2014)。

# 8.3 成本影响

能量检查和能量分析的实施成本不会导致污水处理成本的显著增加。

从中长期来看,经济地实施不同的能量优化措施有助于保持污水处理厂的成本稳定或控制其增长。

# 附录 A　确定污水处理厂相关理想值的计算方法

附录 A.1　电耗单位理想值的计算方法

附录 A.2　污水处理厂相关热需求理想值的计算方法

附录 A.3　确定与污水处理厂相关的发电和产热理想值的计算方法

附录 A.4　热电联产发电效率和热效率表(ASUE,2014)

附录 A.5　三相电动机的电效率 IE3 等级效率示例(50Hz)(DIN EN 60034-30)

附录 A.6　异步电机在部分负载下的典型效率曲线

附录 A.7　污水处理厂泵的平均总效率和单位电耗目标值(Baumann et al.,2014)

附录 A.8　空气压缩和表面曝气系统的标准表(参照指南 DWA-M 229-1: 2013)

**附录 A 注释:**

设备组件的总效率由所用装置的效率(如泵的水力效率)和动力装置(如电机、齿轮的效率)决定。

由于数据可用性的差异,附录 A 仅部分说明了总效率,部分说明了效率的各个因素。

基本上,如有必要,可在所有情况下单独优化单个部件的效率。

附录 A.1　电耗单位理想值的计算方法

| 工艺步骤/耗电设备 | 电耗计算方法 $E=$ 年电耗/(kW·h/a) | 单位理想值或最佳值的范围 | 影响能效的主要参数 | 备注 |
|---|---|---|---|---|
| 泵/提升设备 | $$E=\dfrac{Q\cdot h\cdot 2.7}{\eta_{tot}}=\dfrac{Q\cdot h\cdot 2.7}{\eta_{Pump}\cdot\eta_{Motor}}$$ $$=Q\cdot h\cdot e_{spec}$$ $Q=$ 流量($m^3$/a) $\eta_{tot}=$ 总效率 $\eta_{Pump}=$ 泵的水力效率 $\eta_{Motor}=$ 电机效率 $h=$ 测压管水头 $h_{man}=$ 静扬程 $h_{geod}+$ 水头损失 $h_{loss}$ (m) $h=h_{geod}$(m) 螺杆泵　　离心泵 $e_{spec}=$ 与决定性影响因素相关的单位电耗 | $\eta_{tot}$ 测试得到或依据相关参数得到 $e_{spec}$ 见附录 A.8 $\eta_{Pump}$ 见附录 A.7 $\eta_{Motor}$ 见附录 A.5 或附录 A.6 | 扬程(高程差,局部及沿程管道损失) 流量(污泥量,回流比等) $\eta_{Pump}=f(Q,h)$ 为发动机平均负荷率 见 6.4.5 节负荷性能 | 理论的电力需求估计为 2.7W·h/($m^3$·h) 水头和测压水头 效率取决于泵的类型、泵的规格和叶轮形状。叶轮形状(部分)由提升介质和背压决定[DWA BW,2008] 污泥泵:能耗取决于污泥的干固含量 |
| 格栅 | $E=e_{spec}\cdot PT_{COD}$ | $e_{spec}=0.05\sim0.1\,\mathrm{kW\cdot h/}$ $(\mathrm{I\cdot a})$ | 水量 栅渣处理情况 格栅数量 | 电耗包括栅渣冲洗和压榨脱水[MURL,1999] |

续表

| 工艺步骤/耗电设备 | 电耗计算方法 $E=$ 年电耗/$(kW \cdot h/a)$ | 单位理想值或最佳值的范围 | 影响能效的主要参数 | 备注 |
|---|---|---|---|---|
| 沉砂池/除油池（气浮） | $E = \dfrac{Q_{air} \cdot \Delta p \cdot t}{\eta_{tot} \cdot 367}$ <br><br> $Q_{air}$ = 空气流量 <br> $Q_{air} = q_{air,GC} \cdot V_{GC} (m^3/h)$ <br> $q_{air,GC}$ = 单位充气量 [$m^3/(m^3_{沉砂} \cdot h)$] <br> $V_{GC}$ = 沉砂池容积 $(m^3)$ <br> $t$ = 风机运行时间 $(h/a)$ <br> $\Delta p = h_d + h_{loss}$ <br> $h_d$ = 曝气深度 $(m)$ <br> $h_{loss}$ = 管道、接头、流量计等摩擦损耗 <br> $\eta_{tot}$ = 风机和发动机的总效率 | $q_{air,GC} = 0.5 \sim 1.3 [m^3/(m^3 \cdot h)]$ <br><br> 例如 <br> 回转式鼓风机 <br> $\eta_{tot} = 0.55 \sim 0.62$ | 沉砂池容积 <br> 曝气深度 <br> 管道损失 <br> 单位气量 <br> 风机效率 <br> 运行时间 | 参照 STEIN 的建议，得到良好的砂分离和清洗效果所需的气量为 $0.5m^3/(m^3 \cdot h)$ (STEIN,1992) <br> 降低气量可减少易降解有机物的分解（ATV,1998) <br> 回转式风机的 $\eta_{Blower}$ 值参见 JACOBY（2003) <br> 中图参见 7.15 |

续表

| 工艺步骤 | 耗电设备 | 电耗计算方法 $E=$ 年电耗/$(kW \cdot h/a)$ | 单位理想值或最佳值的范围 | 影响能效的主要参数 | 备注 |
|---|---|---|---|---|---|
| 活性污泥池/曝气 | | $E = \dfrac{SOTR \cdot t}{SAE}$<br>压力供气的可选计算:<br>$E = \dfrac{SOTR \cdot \Delta p \cdot t \cdot 2.72}{SSOTR \cdot \eta_{tot} \cdot h_d}$<br>或<br>$E = \dfrac{Q_{air} \cdot \Delta p \cdot t}{\eta_{tot} \cdot 367}$<br>SOTR=标准氧转移速率$(kg\ O_2/h)$<br>依据咨询手册 DWA-M 229-1 得到曝气过程咨询的平均值<br>SAE=标准动力效率$[kg/(kW \cdot h)]$<br>$t$=年曝气时间$(h/a)$<br>$h_d$=曝气深度$(m)$<br>$h_{loss}$=局部压力损失$(m)$<br>$\Delta p = h_d + h_{loss}$ 或水中曝气器处的压力差$(m)$<br>SSOTR=单位标准氧转移速率$[g/(m^3 \cdot m)]$<br>$\eta_{tot}$=单位标准氧转移速率, 总效率<br>$\eta_{Blower}$=风机效率<br>$\eta_{Motor}$=电机效率<br>2.72=单位和物理常数换算得出的常数<br>$Q_{air}$=运行条件下的进气(体积流量)$(m^3/h)$ | $C_{O_2,AT}$=曝气池内的标准氧浓度$=1\sim2mg/L$<br>SAE, 清水中的标准动力效率, 参见附录 A.8 中修正的值<br>效率系数值如下:<br>标准表格<br>回转式鼓风机<br>$\eta_{tot}=0.55\sim0.62$<br>带导流叶片的涡轮空气压缩机<br>$\eta_{tot}=0.68\sim0.77$<br>带高频电机的涡轮空气压缩机<br>$\eta_{tot}=0.77\sim0.80$<br>SSOTR$=3\times$SSOTE<br>SSOTE=单位标准氧转移效率$(\%/m)$, 见附录 A.8 | 平均 $O_2$ 浓度、$\alpha$ 值<br>曝气器: 类型、安装、老化度、使用情况、覆盖密度<br>根据指南 DWA-M229-1, 硝化/反硝化工艺的池中覆盖密度通常为 $10\%\sim15\%$<br>风机效率<br>局部压力损失 $h_{loss}$<br>如节流阀、空气滤清器、曝气器等, 为 $50\sim100mbar$, $0.5\sim1m\ H_2O$<br>曝气深度: 常见曝气深度 $3\sim6m$ 时影响较小 | 有关曝气器影响和应用的更多信息, 请参阅指南 DWA-M229-1; 2013, 表2<br>耗氧量主要取决于污染负荷, 取年平均温度($f_c=1.0$, 平均温度)$f_N=1.0$<br>平均溶解氧浓度的确定须根据运营经验, 综合考虑硝化效果和产生漂浮污泥风险等<br>$\alpha$ 值主要取决于污水的性状, 如表面活性剂或混合量等<br>较高的覆盖密度(曝气区域占池体表面积的比例)能提升单位标准氧转移速率 SSOTR(参见指南 DWA-M 229-1) |

续表

| 工艺步骤/耗电设备 | 电耗计算方法 $E = P \cdot t$ 年电耗 $(kW \cdot h/a)$ | 单位理想值或最佳值的范围 | 影响能效的主要参数 | 备 注 |
|---|---|---|---|---|
| 刮泥、刮砂机(沉砂池,初沉池,二沉池) | $E = P \cdot t$<br>$P = 功率(kW)$<br>$t = 运行时间(h/a)$ | $P_{刮泥,刮砂机}：0.3 \sim 1.0kW/座$ | 运行时间<br>池体个数<br>刮泥、刮砂机阻力 | 额外安装的设备(如泵、喷洒设备,导轨加热设备等)须另行考察[MURL,1999] |
| 搅拌/循环装置(曝气池) | $E = V_{AT} \cdot e_{spec} \cdot t/1000$<br>$e_{spec} = 功率密度(W/m^3)$<br>$V_{AT} = 池体容积(m^3)$<br>$t = 运行时间(h/a)$ | $V_{AT}(m^3)$    $e_{spec}(W/m^3)$<br>$>2000$    $1.5$<br>$>1000 \sim 2000$   $1.5 \sim 2$<br>$\geq 500 \sim 1000$   $2 \sim 2.5$<br>$\geq 200 \sim 500$   $2.5 \sim 4$ | 搅拌器类型<br>搅拌器数量<br>池体容积和池形<br>运行时间 | [Baumann et al., 2014]<br>或[MURL,1999] |
| 消化池中的搅拌 | $E = V_{DT} \cdot e_{spec} \cdot t/1000$<br>$t = 搅拌时间(h/a)$<br>$e_{spec} = 功率密度[W \cdot h/(m^3 \cdot d)]$<br>$V_{DT} = 消化池容积(m^3)$ | 搅拌器(连续运行)<br>$e_{spec} = 3 \sim 6W/m^3$<br>气体压缩(运行周期在 $8 \sim$<br>16h/d)<br>$e_{spec} = 3 \sim 10W/m^3$<br>外部循环<br>$6 \sim 10W/m^3$ | 搅拌器和泵的循环<br>速率<br>污泥量<br>干污泥含量<br>单位人口消化容积 | 细节参考指南 DWA-M368,为了实现充分的循环,消化池每天应循环10次。加热污泥电耗应计入循环计算的一部分。消化池每天至少循环一次进行接种和加热 |

续表

| 工艺步骤/耗电设备 | 电耗计算方法 $E=$年电耗/(kW·h/a) | 单位理想值或最佳值的范围 | 影响能效的主要参数 | 备注 |
|---|---|---|---|---|
| 剩余污泥浓缩 | $E=e_{spec}\cdot Q_{SS}$<br>$E=e_{spec}\cdot L_{aM.DM}$<br>$e_{spec}=$单位电耗(kW·h/m³,kW·h/Mg)<br>$Q_{SS}=$剩余污泥量(m³/a)<br>$L_{aM.DM}=$年平均干重负荷(Mg/a) | 投加高分子絮凝剂的离心机<br>$e_{spec}=0.6\sim1$kW·h/m³<br>$e_{spec}=100\sim140$kW·h/Mg<br>不投加高分子絮凝剂的离心机<br>$e_{spec}=1\sim1.4$kW·h/m³<br>$e_{spec}=180\sim220$kW·h/Mg<br>溶气气浮法<br>$e_{spec}=0.6\sim1.2$kW·h/m³<br>$e_{spec}=100\sim140$kW·h/Mg<br>重力带式浓缩机、回转式浓缩器、盘式浓缩机和浓缩泵<br>$e_{spec}\leqslant0.2$kW·h/m³ | 污泥产生量<br>剩余污泥含固率<br>设备类型 | 能量相关参数 $e_{spec}$ 参见咨询手册 DWA-M381E:2007中表9。请注意配套设备(如浓缩液或液体污泥泵)的电能需求不包含在理想值中(剩余污泥浓缩),应单独考察 |

续表

| 工艺步骤/耗电设备 | 电耗计算方法 E=年电耗/(kW·h/a) | 单位理想值或最佳值的范围 | 影响能效的主要参数 | 备注 |
|---|---|---|---|---|
| (消化)污泥脱水 | $E = e_{spec} \cdot Q_{SS}$<br>$E = e_{spec} \cdot L_{aM,DM}$<br>$e_{spec}$=单位能耗(kW·h/m³, kW·h/Mg)<br>$Q_{DS}$=消化污泥流量(m³/a)<br>$L_{aM,DM}$=年平均干重负荷(Mg/a) | 离心机<br>$e_{spec} = 1.0 \sim 1.6(1.6 \sim 2.2)$ kW·h/m³<br>$e_{spec} = 40 \sim 60(60 \sim 90)$kW·h/Mg<br>带式压滤机<br>$e_{spec} = 0.5 \sim 0.8(1.1 \sim 1.4)$kW·h/m³<br>$e_{spec} = 20 \sim 30(40 \sim 50)$kW·h/Mg<br>压滤机<br>$e_{spec} = 0.7 \sim 0.9(1.5 \sim 1.8)$ kW·h/m³<br>$e_{spec} = 30 \sim 40(60 \sim 70)$kW·h/Mg<br>(括号中的数值包括给料泵和调节设备) | 消化池污泥量<br>含固量<br>脱水设备 | 能量参数 $e_{spec}$ 对应于指南 DWA-M366E:2013 中表7中电能消耗的通常值 |
| 电加热 | $E = P \cdot t$<br>$P$=功率(kW)<br>$t$=运行时间(d/a) | | 加热时间<br>温度设定值<br>隔热 | 应优先利用废热 |
| 絮凝过滤 | 双层滤池<br>污水提升高度为3m<br>絮凝剂的投加<br>反洗　气洗<br>　　水洗<br>冲洗水回流 | $e_{spec} = 15.0$W·h/m³<br>$e_{spec} = 0.2$W·h/m³<br>$e_{spec} = 1.2$W·h/m³<br>$e_{spec} = 3.0$W·h/m³<br>$e_{spec} = 3.0$W·h/m³ | 反洗气泵和风机<br>二沉池出水悬浮物量<br>反洗周期 | 进水泵根据泵/提升站部分进行评估。过滤设备[服务人口100 000.90m³/(I·d)]的细节可参考(MURL,1999) |

附录 A.2　污水处理厂相关热需求理想值的计算方法

| 工艺步骤/能耗设备 | 热能需求的计算方法 $E=$年热能需求（kW·h/a） | 理想值或其范围 | 影响能效的主要参数 | 备注 |
|---|---|---|---|---|
| 污泥加热 | $E_{th}=$ 热能<br>$= Q_{PS+SS} \cdot \Delta T \cdot e_{spec}$<br>$Q_{PS+SS}=$ 生污泥量（m³/a）<br>$\Delta T=$ 生污泥和消化污泥的温差（K）<br>$e_{spec}=$ 单位热能需求 $=1.16$ kW·h/(m³·K) |  | 生污泥量和温度<br>污泥预浓缩程度<br>消化温度 | $e_{spec}$ 可根据水的比热容近似计算 |
| 消化池传热损耗 | $E_{th}=A \cdot \Delta T \cdot U \cdot 8.76$<br>$A=$ 消化池面积（m²）<br>$\Delta T=$ 消化池内外温度差（K）<br>$U=$ 传热系数[W/(m²·K)]<br>或者<br>在 $n$ 天的时间内测量消化池内部的冷却温度<br>$\Delta T_{DT}$（见表格底部备注）<br>$E_{th}=(\Delta T_{DT} \cdot V_{DT} - Q_{PS+SS} \cdot n \cdot \Delta T_{PS+SS}) \cdot \dfrac{365/n} \cdot e_{spec}$<br>$e_{spec}=$ 单位热能需求 $=1.16$ kW·h/(m³·K)<br>$Q_{PS+SS}=$ 测量期间的生污泥量（m³/a）<br>$\Delta T_{PS+SS}=$ 生污泥和消化污泥的温差（K） | $U=0.3\sim0.5$ W/(m²·K) | $U$ 值<br>地上和地下隔热层，地下水位，土壤条件 | 土壤的传热损失很难用数学方法量化，因此建议在夏季和冬季进行实测得到经验数据（见表格底部备注） |

续表

| 工艺步骤/能耗设备 | 热能需求的计算方法 E=年热能需求/(kW·h/a) | 理想值或其范围 | 影响能效的主要参数 | 备注 |
|---|---|---|---|---|
| 办公综合楼传热损耗 | 建议使用程序 Enev2014 中附件 2 第 2 号和第 3 号准确计算现有建筑的年度一次能源需求 | | 加热面积(m²) 建筑物的单位热能需求 | 能源需求的粗略确定可基于运行建筑得到，使用面积计算，假设 $q_{hd,spec,OB}=60\sim80$ kW·h/(m³·a)；$q_{hd,spec,OB}$ 的具体值可根据下值范围确定：$A/V=0.4\sim0.8$；A=传热表面积；V=加热建筑物的体积 |

备注

基于冷却过程测量的消化池传热损耗的测定（根据 $S_{EIBERT}$-$E_{RLING}$，$E_{TGES}$，2009）

消化池加热关闭 n 天（关闭污泥加热交换器的加热循环）；保持消化池中的正常混合（通气、搅拌器、外循环），每天至少测量一次消化池的温度冷却 $\Delta T_{DT}$。为了 $\Delta T$ 达到足够的精度，测量周期的选择应确保能够实现至少 1K 的冷却。如果可以，该试验应在不给生污泥进料的情况下进行。如果试验期间投加生污泥，加热相应体积的生污泥所需的能量必须从传热损耗公式中推导得出（公式中第二项：$Q_{PS+SS}$）

例如

$V_{DT}=3000m^3$；测定周期 3d；测定温度降低 2.3℃；投加原污泥量 33.3m³/d；原污泥温度为 13℃；消化池温度（进料时）为 38℃；$E_{th}=[2.3\times3000-33.3\times3\times(38-13)]\times365\div3\times1.16=621\,340kWh/a$

**附录A.3 确定与污水处理厂相关的发电和产热理想值的计算方法**

| 工艺步骤/耗能设备 | 能量产生量的计算方法 E=年能量产生/(kW·h/a) | 最佳值或范围 | 影响能效的主要参数 | 备注 |
|---|---|---|---|---|
| 电能生产（热电联产设备，燃气轮机） | $E_{CHP,el} = \eta_{el} \cdot H_i \cdot Q_{DG,a} \cdot N_{CHP}$<br>=热电联产年电能产生量<br>$\eta_{el}$=电能效率<br>$H_i$=单位沼气产电量(kW·h/m³)<br>$Q_{DG,a}$=沼气年产量(m³/a)<br>$N_{CHP}$=用于发电的沼气占比 | $\eta_{el}$ 参见附录A.4 | 沼气利用程度（储存过程可能的泄漏，燃烧损失）电机和增压器的类型，混合冷却过程，结构尺寸，负荷程度 | 使用微型燃气轮机时，需在此前将沼气压缩到4bar(1bar=100kPa)左右压力压缩气体的能源输入将减少燃气轮机可用的发电量沼气产量参见第5章频率分布 |
| 热能生产（热电联产设备，冷凝式供热锅炉，燃气轮机） | $E_{CHP,th} = \eta_{th} \cdot H_i \cdot Q_{DG,a} \cdot N_{CHP}$<br>$\eta_{th}$=热能效率<br>$H_i$=单位沼气产热量(kW·h/m³)<br>$Q_{DG,a}$=标准温度和压力下沼气年产量(kW·h/m³)<br>$N_{CHP}$=用于发电的沼气占比 | $\eta_{th}$ 参见附录A.4 | 混合冷却过程废热利用情况，热交换器后的废气温度(→热交换器后的热值) | 在 $\eta_{el}$ 达到理想值时 $\eta_{th}$ 值会降低，原则上先对电能效率进行优化 |

附录 A.4　热电联产发电效率和热效率表（ASUE,2014）

| 发电规模/kW | 发电效率/%[a] | | | 热效率/%[b] | | |
|---|---|---|---|---|---|---|
| | 引燃喷射<br>（柴油发动机） | 四冲程<br>发动机 | 微型燃<br>气轮机[c] | 引燃喷射<br>（柴油发动机） | 四冲程<br>发动机 | 微型燃<br>气轮机 |
| 1～30 | — | 30～31 | 26[24][c] | — | 54～70 | 59 |
| 31～50 | 40 | 32～35 | 26[24] | 53 | 47～55 | — |
| 51～100 | 40 | 35～39 | 29[27] | 50 | 43～55 | 56 |
| 101～250 | 40～43 | 38～40 | 33[31] | 39～40 | 40～54 | 52 |
| ＞250 | 40～43 | 40～43 | — | 36～43 | 40～52 | — |

备注

a 发电效率＝发电量除以初始能源输入（热值 $H_i$）。

b 热效率＝提供的有用热量除以初始能源输入。

c 方括号中的数字：考虑必要的沼气压缩损失

附录 A.5　三相电动机的电效率

IE3 等级效率示例（50Hz）（DIN EN 60034-30）

| 额定功率/kW | 极数 | | |
|---|---|---|---|
| | 2 | 4 | 6 |
| 0.75 | 80.7 | 82.5 | 78.9 |
| 1.1 | 82.7 | 84.1 | 81.0 |
| 1.5 | 84.2 | 85.3 | 82.5 |
| 2.2 | 85.9 | 86.7 | 84.3 |
| 3 | 87.1 | 87.7 | 85.6 |
| 4 | 88.1 | 88.6 | 86.8 |
| 5.5 | 89.2 | 89.6 | 88.0 |
| 7.5 | 90.1 | 90.4 | 89.1 |
| 11 | 91.2 | 91.4 | 90.3 |
| 15 | 91.9 | 92.1 | 91.2 |
| 18.5 | 92.4 | 92.6 | 91.7 |
| 22 | 92.7 | 93.0 | 92.2 |
| 30 | 93.3 | 93.6 | 92.9 |
| 37 | 93.7 | 93.9 | 93.3 |
| 45 | 94.0 | 94.2 | 93.7 |
| 55 | 94.3 | 94.6 | 94.1 |
| 75 | 94.7 | 95.0 | 94.6 |
| 90 | 95.0 | 95.2 | 94.9 |
| 110 | 95.2 | 95.4 | 95.1 |
| 132 | 95.4 | 95.6 | 95.4 |
| 160 | 95.6 | 95.8 | 95.6 |
| 200～375 | 95.8 | 96.0 | 95.8 |

附录 A.6　异步电机在部分负载下的典型效率曲线

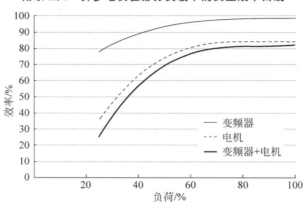

附录 A.7　污水处理厂泵的平均总效率和单位电耗目标值

（Baumann et al. , 2014）

| 泵类型 | 输送介质 | 叶轮形式 | 效率系数 $\eta_{tot} = \eta_{Pump} \cdot \eta_{Motor}$ | 单位电耗 $e_{spec}$ */ $[\mathrm{W \cdot h/(m^3 \cdot m)}]$ |
|---|---|---|---|---|
| 螺旋泵 | 原污水 | | 0.50～0.60 | 5.4～4.5 |
| | 回流污泥,内回流 | | 0.60～0.70 | 4.7～3.9 |
| 离心泵 | 原污水 | 涡旋真空泵 | 0.45～0.55 | 6.0～4.9 |
| | | 单流道叶轮 | 0.50～0.60 | 5.4～4.7 |
| | 回流污泥,内循环 | 多流道叶轮 | 0.65～0.75 | 4.2～3.6 |
| | 最终出水(过滤池) | 螺旋叶轮 | 0.65～0.75 | 4.2～3.6 |
| 轴流泵/ 管式泵 | 内循环 | | 0.65～0.80 | 4.2～3.4 |
| 螺杆泵 | 污泥 | | 0.50～0.65 | 5.4～4.2 |

备注

* 单位电耗 $e_{spec} = 2.7[\mathrm{W \cdot h/(m^3 \cdot m)}]/\eta_{tot}$

$\eta_{tot}$——总效率

$\eta_{Pump}$——泵的水力效率

$\eta_{Motor}$——电机效率

关于泵的规格的更多信息可参考指南 2009/125/EG。

附录 A.8　空气压缩和表面曝气系统的标准表（参照指南 DWA-M 229-1：2013）[①]

| 空气压缩曝气系统性能表[a] | | | | |
|---|---|---|---|---|
| | 有利 | | 中等 | |
| 系统 | SSOTE/(%/m) | SAE/ $[\mathrm{kg/(kW \cdot h)}]$ | SSOTE/(%/m) | SAE/ $[\mathrm{kg/(kW \cdot h)}]$ |
| 整体 | 8.0～8.7 | 4.2～4.5 | 6.0～7.0 | 3.3～3.4 |

---

① 　无英文版本。

续表

| 空气压缩曝气系统性能表[a] | | | | |
|---|---|---|---|---|
| 搅拌和曝气 | 6.7～8.0 | 3.7～4.2 | 5.0～7.0 | 3.2～3.3 |
| 表面曝气系统性能表 | | | | |
| 竖轴式和水平轴式 | | 1.8～2.0 | | 1.6～1.8 |

备注

a 所有值均为曝气器在深度为6m的净水条件下得到。

SSOTE——单位标准氧转移效率。

SAE——标准曝气效率。

# 附录 B 污水处理工艺单元能量分析统计评估(以单位居民电耗计,依据北莱茵-威斯特伐利亚州数据)

| 工艺单元 | | 单位电耗/[kW·h/(I·a)] | | |
|---|---|---|---|---|
| | 样本数量 | 低于某一累积频率的数据 | | |
| | | 25% | 50% | 75% |
| **总能耗** | $n=91$ | 32.0 | 42.0 | 53.5 |
| **一级处理** | $n=84$ | 1.0 | 1.8 | 53.5 |
| 格栅 | $n=80$ | 0.1 | 0.1 | 0.3 |
| 沉砂池 | $n=81$ | 0.5 | 0.9 | 2.1 |
| 初沉池 | $n=61$ | 0.1 | 0.3 | 0.5 |
| **生物处理** | $n=85$ | 18.0 | 24.5 | 31.3 |
| 曝气 | $n=70$ | 11.4 | 15.1 | 19.9 |
| 循环 | $n=66$ | 2.3 | 3.7 | 6.3 |
| 内回流 | $n=38$ | 0.9 | 1.8 | 2.7 |
| 活性污泥回流 | $n=60$ | 1.7 | 2.6 | 5.5 |
| 污水提升站 | $n=59$ | 2.0 | 3.3 | 5.0 |
| 过滤 | $n=27$ | 2.7 | 3.8 | 6.1 |

续表

| 工艺单元 | | 单位电耗/[kW·h/(I·a)] | | | |
|---|---|---|---|---|---|
| | 样本数量 | 低于某一累积频率的数据 | | | |
| | | 25% | 50% | 75% | |
| **污泥处理** | n=82 | 3.4 | 4.7 | 6.6 | |
| 预浓缩 | n=53 | 0.1 | 0.6 | 1.1 | |
| 稳定/消化 | n=58 | 1.9 | 2.7 | 4.5 | |
| 后浓缩 | n=19 | 0.05 | 0.1 | 0.2 | |
| 脱水 | n=62 | 1.1 | 1.6 | 2.4 | |
| 其他 | n=22 | 0.4 | 1.0 | 1.8 | |
| **附属设施** | n=83 | 1.6 | 2.9 | 5.0 | |
| 通风 | n=18 | 0.2 | 0.7 | 1.4 | |
| 电加热 | n=23 | 0.3 | 0.7 | 1.9 | |
| 日常（照明等） | n=61 | 0.4 | 0.7 | 2.0 | |
| 工艺用水 | n=24 | 0.2 | 0.4 | 0.8 | |
| 其他 | n=49 | 0.4 | 1.3 | 2.8 | |

数据来源：Kolisch et at.，2014

# 附录 C　耗电设备矩阵示例（摘录）

| 描述 | Sub | YC | PIC | A 额定电机功率/kW | B 满载功率（测试)/kW | D 平均功率[a]/kW | E 运行时间/(h/a) | F=D·E 电耗/(kW·h/a) | G 不同计算方法的合理性对比[b] 备注/(kW·h/a) |
|---|---|---|---|---|---|---|---|---|---|
| 进水合计 | | | | | | | | 209 044 | 212 000 |
| 进水螺杆泵 1 | 6 | 1998 | Z103-1 | 30.0 | 24.0 | 18.5 | 2126 | 39 331 | 平均流量下测量的平均功率 |

续表

| 描述 | Sub | YC | PIC | A 额定电机功率/kW | B 满载功率(测试)/kW | D 平均功率[a]/kW | E 运行时间/(h/a) | F = D·E 电耗/(kW·h/a) | G 不同计算方法的合理性对比[b] 备注/(kW·h/a) |
|---|---|---|---|---|---|---|---|---|---|
| 进水螺杆泵 2 | 6 | 1998 | Z103-2 | 30.0 | 24.0 | 18.5 | 6551 | 121 194 | |
| 进水螺杆泵 3 | 6 | 1998 | Z103-3 | 45.0 | 36.0 | 27.0 | 604 | 16 308 | |
| 进水螺杆泵 4 | 6 | 1998 | Z103-4 | 45.0 | 36.0 | 27.0 | 1193 | 32 211 | |
| 格栅合计 | | | | | | | | 2023 | |
| 细格栅 1 | 7 | 2005 | R110-1 | 1.5 | 1.2 | 1.2 | 390 | 468 | |
| 细格栅 2 | 7 | 2005 | R110-2 | 1.5 | 1.2 | 1.2 | 606 | 727 | |
| 双输送细格栅 1 | 7 | 2005 | R112-1 | 0.8 | 0.6 | 0.6 | 1380 | 828 | |
| 沉砂池合计 | | | | | | | | 86 834 | |
| 隔砂板 1 | 7 | 2005 | S130-1 | 0.65 | 0.52 | 0.52 | 3595 | 1869.4 | |
| 隔砂板 2 | 7 | 2005 | S130-2 | 0.7 | 0.5 | 0.5 | 3706 | 1927 | |
| 沉砂池风机 1 | 7 | 2005 | S132-1 | 12.0 | 9.6 | 8.9 | 4679 | 41 643 | |
| 沉砂池风机 2 | 7 | 2005 | S132-2 | 12.0 | 9.6 | 8.9 | 4651 | 41 394 | |
| 曝气合计 | | | | | | | | 1 478 337 | 2 215 667 |
| 涡轮压缩机 1 | 10 | 2007 | | 135.0 | 108.0 | 100.5 | 1969 | 197 885 | |
| 涡轮压缩机 2 | 10 | 2007 | | 253.0 | 202.4 | 189.5 | 6757 | 1 280 452 | |
| 涡轮压缩机 3 | 10 | 2007 | | 163.0 | 130.4 | 112.0 | 0 | 0 | |
| 回转式风机 | 10 | 1998 | | 110.0 | 88.0 | 81.0 | 0 | 0 | |
| 鼓风机 | 5 | 1998 | | 45.0 | 36.0 | 33.5 | 0 | 0 | |
| 总计 | | | | | | | | 1 776 238 | |

备注

a 举例：依据 PCS 中实际负荷下参数(变频器的频率,实际流速)或者控制策略确定。

b 举例：通过泵站的输送量、设备或分配电站的独立电表计算得到。

Sub 分配电站。

YC 建设年份。

PIC 识别码。

PCS 工艺控制系统。

# 附录 D 污水处理厂相关理想值与实际值对比示例

**附表 D 根据标准 DWA-A 216E 和"NRW 能源手册"的能量分析(IMURL,1999)**

| | | |
|---|---|---|
| A 电耗 | | 偏差＞0.3kW・h/(I・a) |
| B 发电 | | 0.01kW・h/(I・a)＜偏差＜0.3kW・h/(I・a) |
| C 热能需求 | | 偏差＜0.00kW・h/(I・a) |
| D 热能产生 | | |

| 理论值取自"NRW 能源手册" | PT | 108 000 I |
|---|---|---|

| | | A 电耗 | | | | |
|---|---|---|---|---|---|---|
| 序号 | 工艺单元 | 实测值/<br>(kW・h/a) | 单位实测值/<br>[kW・h/(I・a)] | 理想值/[kW・<br>h/(I・a)] | 单位偏差值/<br>[kW・h/(I・a)] | 偏差值/<br>(kW・h/a) |
| 1 | 取水泵站 | 279 629 | 2.59 | 2.62 | −0.03 | −3240 |
| 2 | 一级处理 | 104 355 | 0.97 | | | |
| | 格栅 | 5733 | 0.05 | 0.05 | 0.00 | 0 |
| | 沉砂池/<br>隔油池 | 77 599 | 0.72 | 0.20 | 0.52 | 56 160 |
| | 初沉池 | 21 024 | 0.19 | 0.02 | 0.17 | 18 360 |
| 3 | 中间泵站 | 908 | 0.01 | 0.01 | 0.00 | 0 |
| 4 | 生物处理 | 1 828 475 | 16.93 | | | |
| | 曝气 | 1 228 205 | 11.37 | 10.19 | 1.18 | 127 440 |
| | 搅拌 | 179 216 | 1.66 | 1.03 | 0.63 | 68 040 |
| | 内回流 | 171 459 | 1.59 | 1.57 | 0.01 | 1080 |
| | 污泥回<br>流泵站 | 249 595 | 2.31 | 1.18 | 1.13 | 122 040 |
| 5 | 二沉池 | 26 568 | 0.25 | | | |
| | 刮泥机 | 15 768 | 0.15 | 0.07 | 0.07 | 7560 |
| | 浮渣泵 | 10 800 | 0.10 | 0.04 | 0.06 | 6480 |
| 6 | 过滤 | 226 592 | 2.10 | | | |
| | 鼓风机 | 157 680 | 1.46 | 1.79 | −0.33 | −35 640 |
| | 冲洗水泵 | 68 912 | 0.64 | 0.21 | 0.42 | 45 360 |
| 7 | 出水泵站 | 120 | 0.00 | 0.00 | 0.00 | 0 |
| 8 | 污泥泵 | 111 666 | 1.03 | | | |
| | 剩余污<br>泥泵站 | 8690 | 0.08 | 0.00 | 0.08 | 8640 |

| 序号 | 工艺单元 | 实测值/(kW·h/a) | 单位实测值/[kW·h/(I·a)] | 理想值/[kW·h/(I·a)] | 单位偏差值/[kW·h/(I·a)] | 偏差值/(kW·h/a) |
|---|---|---|---|---|---|---|
| | | | A 电耗 | | | |
| | 初沉污泥泵站 | 31 012 | 0.29 | 0.01 | 0.27 | 29 160 |
| | 原污泥泵站 | 68 484 | 0.63 | 0.04 | 0.59 | 63 720 |
| | 消化污泥 | 3480 | 0.03 | 0.02 | 0.01 | 1080 |
| 9 | 污泥处理 | 708 128 | 6.56 | | | |
| | 预浓缩 | 17 520 | 0.16 | 0.03 | 0.13 | 14 040 |
| | 剩余污泥机械浓缩 | 70 623 | 0.65 | 0.38 | 0.27 | 29 160 |
| | 污泥消化 | 364 748 | 3.38 | 0.86 | 2.52 | 272 160 |
| | 储泥池 | 5110 | 0.05 | 0.02 | 0.03 | 3240 |
| | 机械脱水 | 250 127 | 2.32 | 0.68 | 1.64 | 177 120 |
| 10 | 工艺用水 | 8562 | 0.08 | | | |
| | 工艺用水泵站 | 1361 | 0.01 | 0.01 | 0.00 | 0 |
| | 集中/浑水蓄水池 | 7201 | 0.07 | 0.02 | 0.04 | 4320 |
| 11 | 配套设施 | 301 486 | 2.79 | | | |
| | 办公综合楼 | 35 870 | 0.33 | 0.18 | 0.15 | 16 200 |
| | 废气处理 | 132 873 | 1.23 | 0.73 | 0.50 | 54 000 |
| | 工艺用水 | 50 980 | 0.47 | 0.26 | 0.21 | 22 680 |
| | 空调设备 | 40 435 | 0.37 | 0.22 | 0.15 | 16 200 |
| | 风扇 | 41 326 | 0.38 | 0.15 | 0.23 | 24 840 |
| 1~11 | 总电耗 | 3 596 490 | 33.30 | 22.40 | | |
| | 采购电量 | 1 878 491 | | | | |
| | 自发电量 | 1 727 506 | | | | |
| | 计算总电耗—(采购电量+自发电量) | -9507 | | | | |
| | 偏差/% | -0.3% | | | | |

| 序号 | 工艺单元 | 实测值/(kW·h/a) | 单位实测值/[kW·h/(I·a)] | 理想值/[kW·h/(I·a)] | 单位偏差值/[kW·h/(I·a)] | 偏差值/(kW·h/a) |
|---|---|---|---|---|---|---|
| | | | B 发电 | | | |
| 12 | 热电联产发电机 | 1 727 506 | 16.00 | 20.57 | -4.57 | -49 356 000 |
| | 发电机1 | 865 096 | | | | |
| | 发电机2 | 862 410 | | | | |
| 12 | 总发电量 | 1 727 506 | 16.00 | 20.57 | | |

续表

| C 热能需求 | | | | | |
|---|---|---|---|---|---|
| 序号 | 工艺单元 | 实测值/<br>(kW·h/a) | 单位实测值/<br>[kW·h/(I·a)] | 理想值/[kW·<br>h/(I·a)] | 单位偏差值/<br>[kW·h/(I·a)] | 偏差值/<br>(kW·h/a) |
| 13 | 污泥加热 | 1 715 761 | 15.89 | 15.89 | 0.00 | 0 |
| 14 | 污泥输送 | 174 946 | 1.62 | 1.09 | 0.53 | 57 240 |
| 15 | 建筑物供热 | 73 950 | 0.68 | 0.27 | 0.41 | 44 260 |
| 16 | 热水加热 | 2000 | 0.02 | 0.02 | 0.00 | 0 |
| 13~16 | 总热能需求 | 1 966 657 | 18.21 | 17.27 | | |

| D 热能产生 | | | | | |
|---|---|---|---|---|---|
| 序号 | 工艺单元 | 实测值/<br>(kW·h/a) | 单位实测值/<br>[kW·h/(I·a)] | 理想值/[kW·<br>h/(I·a)] | 单位偏差值/<br>[kW·h/(I·a)] | 偏差值/<br>(kW·h/a) |
| 17 | 热电联产发电机 | 3 269 922 | 30.28 | 22.85 | 7.43 | 802 440 |
| | 发电机 1 | 1 637 504 | | | | |
| | 发电机 2 | 1 632 418 | | | | |
| 17 | 总热能产生 | 3 269 922 | | 22.85 | | |

# 附录 E　能量需求和供给比较，按电能和热能分开（能量平衡）

附表 E.1　电能平衡

| 电 能 平 衡 | 单　位 | 每年耗电量 |
|---|---|---|
| 根据耗能设备清单的电耗 | MW·h/a | 1500 |
| 变电站和内部配电网的损耗 | MW·h/a | 60 |
| 总电耗 | MW·h/a | 1560 |
| 供电公司购电 | MW·h/a | 600 |
| 负能量回馈至供电公司电网 | MW·h/a | −30 |
| 沼气热电联产的净发电量 | MW·h/a | 900 |
| 热电联产采用化石能源的净发电量 | MW·h/a | 90 |
| 如有必要，未来热电联产的净发电量 | MW·h/a | 0 |
| 总供应功率 | MW·h/a | 1560 |
| 电能自给率（=900/1560） | 58% | |

注：表中黑字为总需求、总供给和自给率。

附表 E.2  污水处理厂热平衡

| 污水处理厂的热平衡 | 单　　位 | 全年耗电量 | 冬季耗电量（11月—次年4月） | 夏季耗电量（5—10月） |
|---|---|---|---|---|
| 污泥处理需热量 | MW·h/a | 986 | 531 | 455 |
| 测试得到的污泥消化热损失 | MW·h/a | 180 | 120 | 60 |
| 估算的工艺用水热需求 | MW·h/a | 132 | 120 | 12 |
| 污水处理厂综合办公楼的供暖和热水 | MW·h/a | 65 | 49 | 16 |
| 区域住宅供暖 | MW·h/a | 17 | 14 | 3 |
| 污泥干化需热量 | MW·h/a | 0 | 0 | 0 |
| 热电联产紧急冷却器散热量 | MW·h/a | 440 | 165 | 275 |
| **总需热量和散热量** | **MW·h/a** | **1820** | **999** | **821** |
| 利用沼气的余热热电联产 | MW·h/a | 1642 | 821 | 821 |
| 利用天然气的余热热电联产 | MW·h/a | 98 | 98 | 0 |
| 区域供暖系统供热 | MW·h/a | 0 | 0 | 0 |
| 生物质和集热器的热量 | MW·h/a | 0 | 0 | 0 |
| 热泵余热 | MW·h/a | 30 | 30 | 0 |
| 天然气锅炉产热 | MW·h/a | 50 | 50 | 0 |
| **总产热量** | **MW·h/a** | **1820** | **999** | **821** |

注：表中黑字为总需求和总供给。

# 附录 F　能量流向示意图（桑基能量平衡图）

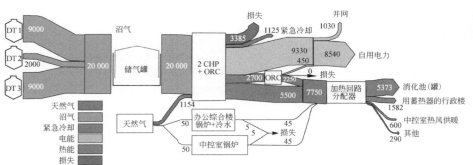

彩图

# 附录 G 实施系列措施后的能量表现评估示例（示例数据）

| 符 号 | 参 数 | 单 位 | 现 状 | 措施实施后 | | | 理 想 值 |
|---|---|---|---|---|---|---|---|
| | | | | I | I+S | I+S+R | |
| $e_{tot}$ | 单位总电耗 | kW·h/(I·a) | 44.4 | 40.5 | 35.5 | 33.5 | 32.5 |
| $e_{aer}$ | 单位曝气电耗 | kW·h/(I·a) | 16.1 | 15.5 | 13.6 | 13.6 | 12 |
| $Y_{DG}$ | 单位沼气产量 | L/kg | 380 | 380 | 420 | 420 | — |
| $N_{DG}$ | 沼气发电效率 | % | 28.54 | 28.5 | 39.7 | 39.7 | 40 |
| $SSE_{el}$ | 电力自给率 | % | 41.6 | 46 | 73 | 77 | 80 |
| $e_{th,ext}$ | 单位外部热量消耗 | kW·h/(I·a) | 5 | 3 | 2 | 2 | 0 |

备注
I 立即性措施。
S 短期性措施。
R 依赖性措施。

# 资料来源和参考书目

## 法律

### 欧洲法律

Commission Regulation (EC) No 640/2009 of 22 July 2009 implementing Directive 2005/32/EC of the European Parliament and of the Council with regard to ecodesign requirements for electric motors. Official Journal of the European Union L 191/26 of 23. 7. 2009, pp. 26-34

Directive 2009/125/EC oft he European Parliament and, oft he Council of 21 October 2009 establishing a framework for the setting of ecodesign requirements for energy-related products [Text with EEA relevance]. Official Journal of the European Union L 285/10 of 31. 10. 2009, pp. 10-35 (European Ecodesign-Directive)

### 德国联邦法律

EDL-G-Gesetz über Energiedienstleistungen und andere Energieeffizienzmaßnahmen vom 4.

November 2010，BGBl. l S. 1483. Stand：geändert durch Artikel 1 des Gesetzes vom 15. April 2015，BGBl. I S. 578 [German Law on energy services and other energy efficiency measures，dated 4 November 2010，Federal Law Gazette I p. 1483. Status：modified by article 1 of the law of 15 April 2015，Federal Law Gazette I p. 578]

EEG-Erneuerbare-Energien-Gesetz：Gesetz für den Ausbau erneuerbarer Energien vom 21. Juli 2014，BGBL. l S. 1066. Stand：geändert durch Artikel 1 des Gesetzes vom 29. Juni 2015，BGBl. l S. 1010 [German Renewable Energy Act on developing renewable energies，dated 21 July 2014，Federal Law Gazette I p. 1066. Status：modified by article 1 of the lawof 29 June 2015，Federal Law Gazette I p. 1010]

KWKG-Kraft-Wärme-Kopplungsgesetz：Gesetz für die Erhaltung，die Modernisierung und den Ausbau der KraftWärme -Kopplung vom 19. März 2002，BGBt. I S. 1092. Stand：geändert durch Artikel 331 der Verordnung vom 31. August 2015，BGBL. I S. 1474 [German Combined Heat and Power Act for the maintenance，modernisation and expansion of combined heat and power of 19 March 2002，Federal Law Gazette I p. 1092. Status：modified by article 331 of the directive of 31 August，2015 Federal Law Gazette I p. 1474]

'EnEV-Energieeinsparverordnung：Verordnung über energiesparenden Wärmeschutz und energiesparende Anlagentechnik bei Gebäuden vom 24. Juli 2007，BGBt. l S. 1519. Stand：geändert durch Artikel 326 der Verordnung vom 31. August 2015，BGBt. I S. 1474 [German Energy Conservation Ordinance on energy-saving thermal insulation andeEnergy-saving instatlations in buildings of 24 July 2007，Federal Law Gazette I p. 1519. Status：modified by article 326 of the ordinance of 31 August 2015，Federal Law Gazette I p. 1474]

# 技术规范

## DIN-标准

DIN 276-1 (December 2008)：Building costs -Part 1：Building construction

DIN EN 16247-1 (October 2012)：Energy audits-Part 1 General requirements. German Version EN 16247-1：2012f

DIN EN 60034-30 (Dezember 2014)；VDE 0530-30-1 (Dezember 2014)：Drehende elektrische Maschinen-Teil 30-1：Wirkungsgrad-KLassifizierung von netzgespeisten Drehstrommotoren(lE-Code) (IEC 60034-30-1：2014). Deutsche Fassung EN 60034-30-1：2014 [DIN EN 60034-30/VDE 0530-30-1(December 2014)：Rotating electrical machines -Part 30-1：Efficiency classes for mains operated three-phase motors (lE-Code) (IEC 60034-30-1：2014) German Ver-sion EN 60034-30-1：2014]

## DWA 条例集

ATV-DVWK-A 131 E (May 2000)：Dimensioning of Single-State activated Sludge Plants. [Editor's Note：The german edition of Standard ATV-DVWK-A 131，dated May 2000，has in the meantime been withdrawn and replaced by Standard DWA-A131 (June 2016)]

DWA-A 131 (Entwurf März 2015)：Bemessung von einstufigen Belebungsanlagen. Arbeitsblatt，Entwurf [DWA-A 131 (Draft March 2015)：Dimensioning of Single-Stage Activated Sludge Plants. Standard，Draft. Editor's Note：In the meantime Standard DWA-A

131 has been published, date of issue: June 2016; currently there is no translation in English available]

ATV-DVWK-A 134E (June 2000): Planning and Construction of Wastewater Pumping Stations. Standard

DWA-A 400E (January 2008): Principles for the Preparation of DWA Rules and Standards. Standard

DWA-M 114E (June 2009): Energy from Wastewater-Thermal and Potential Energy. Advisory Guideline

DWA-M 229-1 (Mai 2013): Systeme zur Belüftung und Durchmischung von BelebungsanLagen-Teil 1: Planung, AusSchreibung und Ausführung. Merkblatt [DWA-M 229-1 (May 2013): Systems for the aeration and mixing of aeration plants-Part 1: Planning, Tendering and Implementation. Guideline]

ATV-DVWK-M 260 (Juli 2001): Erfassen, Darstellen, Auswerten und Dokumentieren der Betriebsdaten von Abwasserbehandlungsanlagen mit Hilfe der Prozessdatenverarbeitung. Merkblatt [ATV-DVWK-M 260 (July 2001): Recording, presentation, evaluation and documentation of operating data of wastewater treatment plants by means of process data processing. Guideline]

DWA-M 264 (Mai 2015): GasdurchfLussmessungen auf AbwasserbehandlungsanLagen. Merkblatt [DWA-M 264 (May 2015): Gas flow measurements in wastewater treatment plants. Guideline]

DWA-M 363 (November 2010): Herkunft, Aufbereitung und Verwertung von Biogasen. Merkblatt [DWA-M 363 (November 2010): Origin, treatment and processing of digester gas. Guideline]

DWA-M 366E (February 2013): Mechanical Dewatering of Sewage Sludge. Guideline

DWA-M368 (Juni 2014): Biologische Stabilisierung von Klärschlamm. Merkblatt [DWA-M 368 (June 2014): Biological stabilisation of sewage sludge. Guideline]

DWA-M 381 E (October 2007): Sewage Sludge Thickening. Advisory Leaflet

## 其他技术规范

VDI 2067: Economic efficiency of building installations-Fundamentals and economic calculation; all parts. VDI The Association of German Engineers, Düsseldorf

## 文献

ACWUA (ed.) (2015): Energy Efficiency in Water and Wastewater Utilities. The Arab Countries Water Utilities Association (ACWUA) under the guidance of the ACWUA Task Force Energy Efficiency with support from the Deutsche Gesellschaft für internationale Zusammenarbeit (GIZ) GmbH, Amman, Jordan, Eschborn, Germany

AGIS, H. (2002): Energieoptimierung von Kläranlagen. In: Kroill, H. (Hrsg.): Benchmarking in der Abwasserentsorgung. Wiener Mitteilungen 176, Wien [Energy optimisation of wastewater treatment plants. In: Kroiß, H. (ed.): Benchmarking in Wastewater Disposal]

ASUE (2014): BHKW-Kenndaten 2014-Module, Anbieter, Kosten. Arbeitsgemeinschaft für sparsamen und umweltfreundlichen Energieverbrauch e. V. (ASUE), Magistrat der Stadt Frankfurt am Main (Hrsg.). Vertrieb: energieDRUCK-Verlag für sparsamen und umweltfreundlichen Energieverbrauch, Essen (CHP-ldentification data 2014-Modules, suppliers,costs)

ATV (1996): ATV-Handbuch-Klärschlamm. 4. Aufl. , Verlag Ernst und Sohn, Berlin (ATV-Sewage Technology-Manual-Wastewater sludge)

ATV (1998): Sandabscheideanlagen (Sandfänge und Sandfanggutaufbereitungsanlagen). Arbeitsbericht derATV-Arbeits-gruppe KA-2. 5. 1 "Sandfänge" im ATV-Fachausschuss KA-2. 5 "Absetzverfahren". In: KA-Korrespondenz Abwasser, 03/1998, S. 535 ff. [Grit separator plants (Grit Chambers and processing facilities for grit chamber trappings) Working report of the ATVWorking group KA-2. 5. 1 "Grit Chambers" within the ATV Expert Committee KA-2. 5 "Settlement Process"]

BAUMANN,p. ; MAURER,p. ; ROTH,M. (2014): Senkung des Stromverbrauchs auf Kläranlagen. DWA-Landesverband Baden- Württemberg (Hrsg. ), Heft 4, 3. Aufl. , ISBN 978-3-940173-47-8 [Reduction of the power consumption in wastewater treatment plants. DWA-Association of the State of Baden- Württemberg (ed. )]

Bund-Länder-Arbeitsgruppe "Energieeffizienz der kommunalen Abwasserbeseitigung einschließlich KlärschLammbehandlung" (2011): Datenabfrage in den Ländern Hamburg, Berlin,Schleswig-hlolstein,Baden-Württemberg,Brandenburg und Bayern. Unveröffentlicht [Federal and State Working Group "Energy efficiency of the municipal wastewater disposal including wastewater sludge treatment" (2011): Data query in Hamburg, Berlin, Schleswig-Holstein,Baden-Wurttemberg,Brandenburg and Bavaria. Unpublished]

DCCC (2011): Dynamic Cost Comparison Calculations for selecting teast-cost projects in Water Supply and Wastewater Disposal DCCC-Appraisal Manual for Project Designers. DWA German Association for Water,Wastewater and Waste (ed. ),Hennef

DWA (2010); Energiepotentiale in der deutschen Wasserwirtschaft. DWA-Themen. DWA Deutsche Vereinigung fürWasser- Wirtschaft,Abwasser und Abfall e. V. (Hrsg. ),Hennef (Energy potential in the German water management. DWA-Topics)

DWA (2011a): Erhebung von Belastungsdaten auf Kläranlagen. Arbeitsbericht der DWA-Arbeitsgruppe AG KA-6. 6 "Leistungsfähigkeit biologischer Kläranlagen". In: KA-Korrespondenz Abwasser Abfall, 03/2011, S. 238-247 (Survey on load conditions on wastewater treatment plants-Operational report of the DWA working group AG KA-6. 6 "Performance of biological wastewater treatment plants")

DWA (2011b): Energie- und Wasserwirtschaft. DWA-Positionen. DWA Deutsche Vereinigung für Wasserwirtschaft,Abwasser und Abfall e. V. (Hrsg. ),Hennef (Energy and Water Management. DWA-Positions)

DWA (2012): Leitlinien zur Durchführung dynamischer Kostenvergleichsrechnungen (KVR-Leitlinien). Fachbuch. 8. , überarbeitete Auflage. In Kooperation mit dem DVGW. DWA Deutsche Vereinigung für Wasserwirtschaft,Abwasser und Abfall e. V. , Hennef [Guidelines for dynamic cost comparison calculations (DCCC-Guidetines)]. Editor's note: see DCCC (2011)

DWA (2013): 25. Leistungsvergleich kommunaler Kläranlagen-Reinigungsverfahren auf dem Prüfstand. DWALeitungsvergleich 2012. Deutsche Vereinigung für Wasserwirtschaft, Abwasser und Abfall e. V. , Hennef (25. Performance report of German wastewater treatment plants-Cleaning processes on the test bench. DWA Performance Report 2012)

DWA BW (Hrsg. ) (2008): Kläranlagen- und Kanal-Nachbarschaften-Ergebnisse des kommunalen Leistungsvergleichs. DWA-Landesverband Baden-Württemberg, Stuttgart (Wastewater Treatment Plants and Channel Neighbourhoods-Results of the performance report of German wastewater treatment plants)

DWA (in Vorbereitung): Erfahrungen zum Betrieb von AbwasserfiLteranlagen. Arbeitsbericht der DWA-Arbeitsgruppe KA-8. 3 "Abwasserfiltration", in Vorbereitung (in preparation: Experience with regard to the operation of wastewater filter plants. Workimg report of the DWA Working group KA-8. 3 "Wastewater filtration")

FLORES-ALSINA, X. ; ARNELL, M. ; AMERLINCK, Y. ; COROMINAS, L. ; GERNAEY, K. V. ; Guo L. ; LlNDBLOM, E. ; NOPENS, I. ; PORROD, J. ; SHAWI, A. ; SNIP, L. ; VANROLLEGHEM, P. A. , JEPPSSON, U. (2014): Balancing effluent quality, economic cost and greenhouse gas emissions during the evaluation of (plant-wide) controt/operationaL strategies in WWTPs. In: Science of the Total Environment, pp. 466-467, pp. 616-624

HABERKERN, B. (1998): Energieeinsparung in Kläranlagen-Seminardokumentation. (MPULS-Programm Hessen, InstitutnWohnen und Umwelt IIWU), Darmstadt (Energy Conservation in wastewater treatment plants-seminar documentation)

HABERKERN, B. ; MAIER, W. ; SCHNEIDER, U. (2008): Steigerung der Energieeffizienz auf kommunalen Kläranlagen. UmweLtbundesamt (Hrsg.), UBA-Texte, 11/08, Berlin [Increase of energy efficiency in municipal wastewater treatment plants]

HMUELV (Hrsg. ) (2010): Arbeitshilfe zur Verbesserung der Energieeffizienz von Abwasserbehand Lungsanlagen-Anforderungen an die Planung und Durchführung von Maßnahmen. Hessisches Ministerium für Umwelt, Energie, Landwirtschaft und Verbraucherschutz (Hrsg. ), Wiesbaden (Working aid for improving the energy efficiency of wastewater treatment plants-requirements of planning and implementation of measures)

LLING, F. (2013): Elektrische Energiemessung-Archivierung und Auswertung. Vortrag DWA-Fortbitdungsveranstattung am 30. 102013 in Göttingen (Electric energy management-archiving and Evaluation)

IMHOFF, K. R. ; JARDIN, N. (Hrsg. ) (2007): Taschenbuch der Stadtentwässerung. 30. Aufl, Oldenbourg Industrieverlag, München. ISBN-10: 3-8356-3094-6 (Packet Guide on Urban Drainage)

JACOBY, K. (2003): Wirtschaftlicher Betrieb von Turboverdichtern. In: Maschinentechnik in der Abwasserreinigung, Verfahren und Ausrüstung. Wiley-VCH Verlag, Weinheim (Economic Operation of turbo compressors. In: Machine Technotogy in Wastewater Treatment, Process and Equipment)

KROIß, H. (Hrsg. ) (2002): Benchmarking in der Abwasserentsorgung. Wiener Mitteilungen 176, Wien (Benchmarking in Wastewater Disposal)

KAPP, H. (1984): SchLammfaulung mit hohem Feststoffgehalt. Stuttgarter Berichte zur Siedlungswasserwirtschaft, Bd. 86. ISBN 3-486-26241-6 (Anaerobic sludge digestion with a high solids content)

KOLISCH, G. ; TAUDIEN, Y. ; OSTHOFF, T. (2014): Verbesserung der KLärgasnutzung, Steigerung der Energieausbeute auf kommunalen Kläranlagen (Zusatzbericht). Forschungsvorhaben im Auftrag des Ministeriums für Klinnaschutz, Umweit, Landwirtschaft, Natur- und

Verbraucherschutz des Landes Nordrhein-Westfalen, AZ IV-7-042 600 003B. Online unter (zuletzt abgerufen am 16. 10. 2015): <http://www. lanuv. nrw. de/uploads/tx_mmkresearchprojects/140411_Zusatzbericht_TP2_Auswertung_EAs. pdf> [Improvement of sewage gas use, increase of the power yield on muriicipal wastewater treatment plants (additional report)]

KOMMUNAL-UND ABWASSERBERATUNG NRW (2011): Benchmarking Abwasser, Nordrhein-WestfaLen, Branchenbild der öffentlichen Abwasserbeseitigung in NRW. Ergebnisbericht für das Projektjahr 2009, Erhebungsjahr 2008. Kommunal- und Abwasserberatung NRW, Düsseldorf, aquabench, Köln (Benchmarking Wastewater, North Rhine-Westphalia, profile of the municipal wastewater disposal in NRW, Result report . for the project year 2009, survey year 2008)

LfU BW (Hrsg. ) (1998): Stromverbrauch auf kommunalen Kläranlagen. Handbuch Wasser 4, Band 13. LfU Landesanstalt für Umweltschutz Baden-Württemberg, Stuttgart (Power consumption in municipal wastewater treatment plants)

MLUVMV (Hrsg. ) (2009): Energieeinsatz auf Kläranlagen in Mecklenburg-Vorpommem. Ministerium für Landwirtschaft, Umwelt und Verbraucherschutz Mecklenburg-Vorpommern, Schwerin (Energy consumption in wastewater treatment plants in Mecklenburg-Western Pomerania)

MULEWFRP (Hrsg. ) (2012): Energiesituation der Kommunalen Kläranlagen in Rheinland-Pfalz. Ministerium für Umwelt, Landwirtschaft, Ernährung, Weinbau und Forsten RheinLand-Pfalz, Mainz (Energy situation in the municipal wastewater treatment plants in Rhineland-Palatinate)

MÜLLER, E. A. ; KOBEL, B; SCHMID, F. (2010): Leitfaden "Energie in ÄRA". Verband Schweizer Abwasser- und Gewässerschutzfachleute, Neuauflage, Glattbrugg, Schweiz (Guideline "Energy in Wastewater Treatment Plants WWTP")

MURL NRW (Hrsg. ) (1999): Energie in Kläranlagen-Handbuch. Ministerium für Umwelt, Raumordnung und Landwirtschaft des Landes NRW, Düsseldorf (Power in Wastewater Treatment Plants-Manual)

N. N. (2011): DatenbereitstelLung durch Emschergenossenschaft, Niersverband, Lippeverband, Ruhrverband, Wupperverband, SteB Köln. Unveröffentlicht (Data provision by Emschergenossenschaft, Niersverband, Lippeverband, Ruhrverband, Wu-pperverband, SteB Köln. Unpublished)

PARRAVICINI, V. ; VALKOVA, T. ; HASLINGER, J. ; SARACEVIC, E. ; WlNKELBAUER, A. ; TAUBER, J. ; SVARDAL, K. ; HOHENBLUM, P. ; CLARA, M. ; W l NDHOFER, G. ; PAZDERNIK, K. ; LAMPERT, C. ( 2015 ): ReLaKo-Reduktionspotenzial bei den Lachgasemissionen aus Kläranlagen durch Optimierung des Betriebes. Ministerium für ein lebenswertes Österreich, BMLFUW Bundesministerium für Land- und Forstwirtschaft, Umwelt und Wasserwirtschaft (Hrsg. ), Wien (ReLaKo-Reductive potential regarding nitrous oxide emission from sewage treatment plant by optimising operations)

ROEDIGER, H. ; ROEDIGER, M. ; KAPP, H. (1990): Anaerobe alkalische Schlammfautung. 4. Aufl. , Oldenbourg-VerLag, München(Anaerobic aLcaline sludge digestion)

STEIN, A. (1992): Ein Beitrag zur Gestaltung belüfteter Sandfänge. In: KA-Korrespondenz Abwasser, 04/1992, S. 518-524

SEIBERT-ERLING,G. ；ETGES,T. (2009)：Wärmeüberschuss auf Klärantangen-Stillschweigend vernichten oder intelligent nutzen. DWA-Seminar "Energieoptimierung auf Kläranlagen",Hennef （Surplus heat in wastewater treatment plants -implicitly destroy or use intelligently. DWA-Seminar "Energy Optimisation in wastewater treatment plants"）

SEYFRIED,C. F. (1994)；Rechen,Siebe und Sandfänge-Betriebserfahrungen und Entwicklungen. Schriftenreihe WAR ,Bd. 75,Institut WAR ,Wasserversorgung,Abwassertechnik,Abfalttechnik, Umwelt- und Raumplanung der TH Darm- Stadt （Racks，Screens and Grit Chambers-Operational Experience and Developments）

TMLFUN （Hrsg. ）(2012)：Energieverbrauch und Energieerzeugung in Thüringer Kläranlagen-Bestandserhebung und Abschätzung von Einsparpotenzialen. Thüringer Ministerium für Landwirtschaft,Forsten,Umwelt und Naturschutz,Erfurt （Energy Consumption and power generation in Thuringian wastewater treatment plants-Survey and assessment of savings potentials）

UBA (2010)：Umweltinnovationsprogramm-UIP-Förderschwerpunkt "Energieeffiziente Abwasserantagen". Förderprogramm des Bundesministeriums für Umwelt,Naturschutz und Reaktorsicherheit （BMU）. Online unter （zuletzt abgerufen am 16. 10. 2015）：<http://de. dwa. de/tl_files/_media/content/PDFs/Abteilung _ BiZ/Energietage2011/Tag _ 1/Vortrag-Fricke. pdf [Environmental Innovation Programme-（DIP）-Funding priority "Energy efficient wastewater treatment plants"]

UBA （2014）：Entwicklung der spezifischen KohLendioxid-Emissionen des deutschen Strommix 1990-2010 und erste Schätzungen 2011 im Vergleich zum Stromverbrauch. Stand 04/2014. Umweltbundesamt,Berlin （Development of the specific carbon dioxide emission of the German power mix 1990-2010 and first estimations 2011 compared to the power consumption Issued 04/2014）

WAGNER,M. ；GÜNKEL,T. (2009)：Leistung und Bemessung von Belüftungseinrichtungen. DWA-FortbiLdungskurs $N_2$. DWA Deutsche Vereinigung für Wasserwirtschaft，Abwasser und Abfall e. V. （Hrsg. )，Hennef （Performance and dimensioning of aeration installations）

WUNDERLIN,P；MOHN,J. ；JOSS,A. ；EMMENEGGER,L. ；SlEGRIST，M. （2012）：Mechanism of $N^\wedge O$ production in biological wastewater treatment under nitrifying and denitrifying conditions. In：Water Research,46 （4），pp. 1027-1037

## 来源

DWA-Publications：
Deutsche Vereinigung für Wasserwirtschaft，
Abwasser und Abfall e. V. ,Hennef
（www. dwa. de）
DIN-Standards：
Beuth Verlag GmbH,Berlin
（www. beuth. de）